猫に言いたいたくさんのこと

想和貓咪說說話

那些貓咪不說
你不會懂的73個祕密

前言

與我們最親近卻也充滿著謎團的貓咪，一旦生活在一起，人類的腦中更是出現愈來愈多的問號，即使飼養貓咪五年、十年之久的主人，遇事時仍還忍不住對貓咪叨念：「你可不可以告訴我，你為什麼要這麼做？」

因此，本書收集了諸多對貓咪的疑問、意見、懇求、忠告、道歉等，再基於我個人身為獸醫、同時也是愛貓者的立場，試圖在自己理解的限度下解讀「為何貓咪之所以為貓咪」的理由。

隨著共同生活在一起，如同人類對貓咪有想表達的意見，貓咪也對人類懷有諸多疑問。但為了能讓彼此的同居生活更加愉悅且平和，最重要的還是在相互理解的前提下進行溝通交流。所以了解貓咪既有的習性或特徵，以及貓咪特有的性格或癖好，必能讓彼此的想法更得以互通。

因此，對於那些「真想問問貓咪」的問題，我並不想過度依賴專業知識，而是試圖寫下長久以來貓咪給予我的回答，當然那些答案不止限於一隻或兩隻貓咪的意見而已，是站在貓咪的立場，取得眾多貓咪意見的結果。因此，得以寫下本書並不是我對貓咪特別瞭若指掌，而是貓咪教會了我這一切。

當然，可以與貓咪這樣值得被愛的動物生活在一起，是你的幸福。也希望透過本書，你能與貓咪建立起更加親密的關係。

野澤動物醫院

院長　野澤延行

序章
——忍不住想對貓咪說的一句話——

「好癢啊（小聲的說）」

小貓躺在我的胸口睡著了，
是什麼柔軟的東西搔弄著我的下巴……？
定眼一看原來是小貓的小下巴，
心想著不知該怎麼對付不時吹來的潮濕氣息時，
卻也歡喜享受這動也不能動的幸福時光。

「幸好有窗户隔著，才能讓你這樣耍威風」

家中的宅男貓兒子，
瞪著窗外動也不動。
循著他的視線望去，
發現窗外正坐著這附近的貓老大。
幸好有著窗戶隔著，
家中的宅男貓才能擺出一副不可一世的模樣，
說來實在讓人難為情啊。

「雖然有些害怕，但我還是想抱你」

初到家中的貓咪躲在屋裡的角落觀察主人，
待主人一靠近隨即一陣貓拳。
不過終究還是想與貓咪和睦相處啊，
遂戴上手套做好防護，才終於可以抱起他，
貓咪躺在懷裡像是在說：
「既然你那麼堅持，我就讓你抱吧」。

「好不容易才買到的耶」

為配合家中擺設，選購了極美的竹籃作為貓咪的床鋪。
但是，貓咪愛的卻是原本裝著竹籃的紙箱。
看來他非常中意裡面會發出聲響的緩衝物，
搞得竹籃像個多餘的廢棄品。
事實果然與想像有出入……。

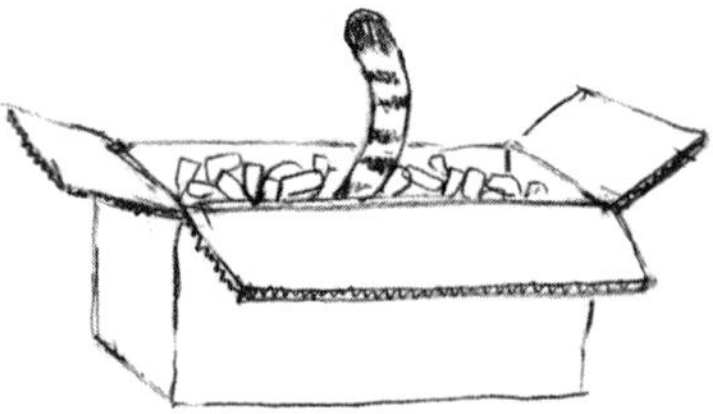

「你那麼喜歡指尖啊？」

看到指尖就頂，看到樹枝尖就磨。
總之只要是細長的東西來到眼前，
貓咪就忍不住靠過去。
先是聞聞味道，然後磨蹭，
為的是趕快留下自己的氣味。
當然，偶爾指尖也有被咬的時候。

「你瞧，多好看啊」

抱起愛貓，
一起眺望窗外的景色，
一起對著鏡子交互微笑，
一起偷看冰箱放著什麼。
這就是兩人不可告人的散步時間。
這樣舒服愉悅的散步，
貓咪似乎也覺得還挺不賴的。

CHAPTER2

一直吃一直睡一直玩的夢幻貓生活

吃飯時間

上廁所時間

睡覺時間

遊戲時間

CHAPTER3 需要包容的擾人行為

讓人感覺有些困擾耶

對貓咪來說的擾貓行為

CHAPTER 1

戀上貓咪

「愈磨蹭，表示愈喜歡我嗎？」

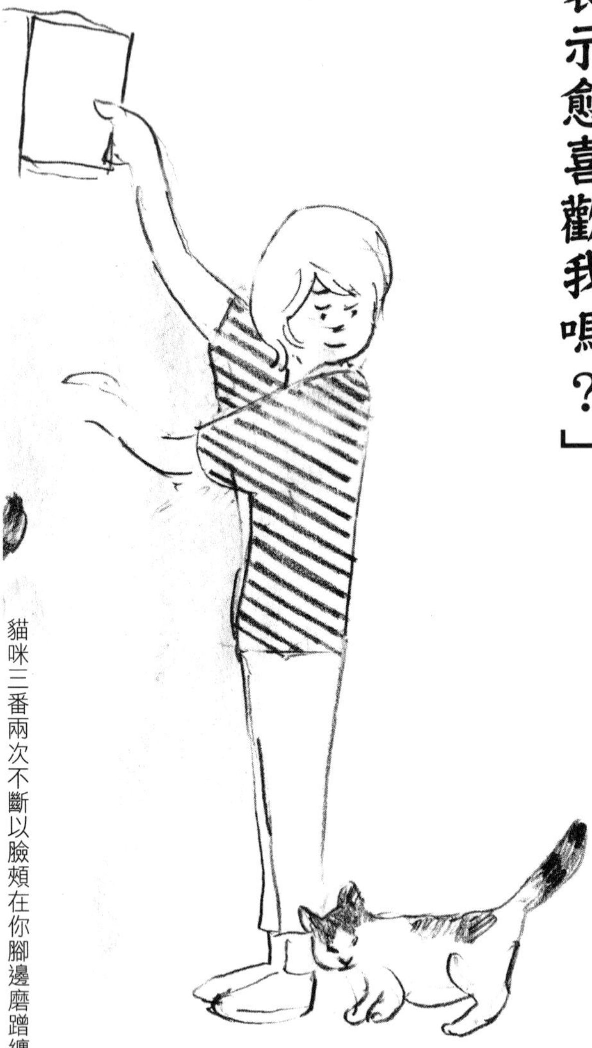

貓咪三番兩次不斷以臉頰在你腳邊磨蹭纏繞，最後再來個溫柔頂頭，害你忍不住心想：「今天非得弄些好吃的給這個小傢伙！」

單單貓咪的靠近磨蹭，就足以令人飛上幸福的天堂

每回你坐在沙發或躺在床上時，貓咪總會走過來開始磨蹭，雖然你嘴裡說：「好癢喔！」心裡還是歡喜得不得了（因為那表示貓咪喜歡你）。貓咪的這個舉動表示打從心底認同你是主人，不過卻不見得是喜歡你，畢竟貓咪磨蹭的目的，是為了「留下自己的氣味」。

因為貓咪具維護鞏固地盤的習性，為守護自己的領域地盤，得不時巡邏察看，還得勤快的留下自己的氣味（做記號）。對貓咪而言，你也是他地盤的一部分，所以他必須不時留下自己的氣味才能安心。

貓咪的臉頰或鬍鬚根部有著臭腺，會散發帶有氣味（人類聞不到）的分泌物。貓咪以臉頰摩擦家具或柱角、繞著人的腳或手指磨蹭，其實都是為了做記號。此外，貓咪噴尿或抓爛家具也是一種鞏固地盤的宣示。

人類自以為「幸福可愛的磨蹭」，對貓咪來說不過是極其普通的本能行為；不過話說回來，貓咪是不會對討厭的東西磨蹭做記號的，所以身為主人的你，還是可以姑且將磨蹭當作貓咪的愛情宣言。

「你在等我摸你嗎？」

貓咪可能是因為「想被撫摸時，就能被摸摸」，才願意與人生活在一起的吧

其實貓咪是期待被摸摸的，看到你的手終於空閒下來，也顧不得平時如何趾高氣揚，假裝若無其事來到讓你摸得到的地方。如果你反射性伸出手摸摸他，貓咪肯定會抬起下巴或乾脆躺下來露出側腹：「人家這邊也要摸摸」。

幾乎所有的貓咪都喜歡被摸摸，因為那就像小時候被貓媽媽舔身體一樣安心舒服。但是，為何貓咪是等著被摸呢？因為貓咪不

「喂，我現在坐在你手可以摸到的地方，你看到了嗎？」當貓咪露出這樣的表情時，一定要趕快摸摸他。

像狗狗是為了討主人歡心而故作「好寶寶」，貓咪的行為自始自終都只是為了追求自身的快樂。

其實就生理學觀點，貓咪喜歡被摸是由於其毛根皆連繫著神經，隨著撫摸，能活化副交感神經、安定放鬆自律神經。當然，貓咪舔理自己的毛時，即能穩定自己的心情；人類溫柔的撫摸貓咪的身體時，對貓咪也具鎮靜的效果。想必你也「喜歡摸摸」吧，正因為一個「喜歡摸摸」、一個「喜歡被摸摸」，才能共享這樣溫馨幸福的時刻啊。

「你這是在和我打招呼嗎？」

即便知道那是你的指尖，貓咪還是想用鼻子跟你打聲招呼

平時貓咪不隨便討好人，不過卻很在乎打招呼這件事。

基本上，貓咪的打招呼就是「確認氣味」。貓咪們彼此碰面時會相互鼻碰鼻或嗅聞對方身體的氣味，以確認身分。在戶外，有不認識的貓咪闖入自己的地盤時，甚至還會引發爭吵打架呢。不過泰半的情況是：彼此嗅聞嗅聞便算是打過招呼，隨即擦身而過。

貓咪對人的打招呼除了喵喵叫，最主要

「早安」

「我回來了」

「晚安」

當你的臉來到與貓咪一樣的高度時，那小小的臉龐就湊了過來，吸吸聞聞的動著鼻子，高興時還會舔舔你的鼻尖。

還是嗅聞。外出回家後，貓咪會來嗅聞檢查你的手、腳沾染了什麼氣味，看來像是在對主人說「你回來囉！」客人來訪時，貓咪也會以大聞特聞歡迎來客，碰到喜歡的，還會開始磨蹭做記號。只要你將手伸向貓咪，他肯定也會靠過來東聞西聞。明明知道你是誰，但貓咪非得用鼻子或臉頰磨蹭一番不可，因為對貓咪來說，嗅聞也是一種打招呼的方式。

每回你打瞌睡或早晨睡醒時，家中的貓咪會跑來聞聞你的鼻子嗎？能觸碰到那潮濕的小鼻子，可說是身為主人才得以享有的特權。所以當你的貓咪願意來嗅聞你，該感到萬幸才是，因為那表示貓咪心中還有你啊。

「你這樣看著我，我會害羞的」

貓咪這樣看著你的時候，也許是有話想對你說，也或許什麼事也沒有。當然，彼此全心全靈相互的凝望也是一種極致的幸福。

如此打動人心的專注凝視，該說是充滿情感、還是只是在發呆

貓咪靜靜注視你時，你應該興起「謝謝貓咪願意這樣看著我」的珍惜，話說有些主人竟常忘了貓咪的存在。

貓咪凝視你的原因，一是對你懷有細密濃厚的情感，也許是發現你有些許落寞，只得一邊偷偷觀察一邊擔心你，默默按耐住想撒嬌的期盼，那凝視中透露著「等你心情好時可以摸摸我嗎？」雖想引起你的注意，可是又不願表現得太露骨，只好待在不會打擾到你的距離，注視著你。

另一種凝視是，貓咪看見了你看不到的東西。貓咪擁有敏銳的五感，此刻必然是聽見人類聽不到的聲音、看見人類不能看到的事物，也喚醒潛藏的狩獵野性，讓貓咪得以重溫靜謐中的興奮感與近似療癒的感覺。

話雖如此，其實大多數的時候，貓咪的凝視是無意識的。雖說貓咪與貓咪之間的相互凝視，意味著敵對警戒，但為避免衝突，貓咪通常不太直視對方的眼睛。所以，你以為貓咪看著你，事實上他是目中無人。既然不是什麼充滿愛意的凝視，你也無須害羞或得意了。

「什麼?! 你一直在這裡?」

貓咪雖不討厭等候，但當你終於發現他時，他還是有些得意的

與貓咪生活在一起，你必然常會發出「什麼?原來你一直在這裡!」的驚呼。

例如，泡了一個舒服的澡或滿頭大汗整理完衣櫃，好不容易起身時才發現貓咪正坐在那裡看著你……。既有貼心等候主人上廁所的貓咪，也有在陽台或窗戶等候主人回家、等到主人打開門時立刻現身恭候大駕的貓咪。等候，對貓咪來說並非苦差事，即使是漫長的等待也甘之若飴。

只要是喜歡的場所，貓咪可以始終待著。如果他喜歡的場所正好是你的身邊，就兩人（一人與一隻）來說，簡直是最幸福的麻吉關係啊！

貓咪總是耐心的等待著，但不似狗狗那樣不安的來回走動喘氣。貓咪是待機、埋伏型的狩獵專家，能安靜到不讓旁人察覺到他的存在，當然這也是貓咪的習性之一。

即使是飼養在室內的貓咪，還是有他認定且偏好的專屬道路或去處。像是喜歡浴室的貓咪，最喜歡躺在浴缸的掀蓋上，如果你也喜歡泡澡，那你的貓咪肯定會待在浴室不願出來。因為占領主人喜歡的浴室，對貓咪來說有種滿足感，況且他還喜歡看蓮蓬頭潑灑在玻璃門上的水珠。不過輪到你長時間霸占浴室時，貓咪也會開始擔心他什麼時候才溜得出去。

「好乖好乖，
那麼高興喔～」

喝到奶水、好高興喔，為了表達滿足的呼嚕呼嚕聲

當你撫摸擁抱貓咪，那柔軟的身體發出呼嚕呼嚕的聲音時，想必你也忍不住跟著高興起來。

貓咪發出特有的呼嚕呼嚕聲，表示他正處於非常高興或輕鬆舒服的狀態。貓咪還是小貓時，會一邊喝著貓媽媽的奶水，一邊發出呼嚕呼嚕聲告訴貓媽媽：「媽媽，我喝到奶水了，好滿足喔！」長大後一旦遇到高興的事，貓咪也會發出那樣的聲音。

呼嚕呼嚕，並不是來自於嘴巴，而是喉嚨或鼻子的血液流進胸腔的振動聲，如果把耳朵貼近貓咪的胸部，即能明白那是來自胸腔的振動。呼嚕呼嚕除了是表達滿足感或心情愉快的溝通方式，有時骨折受傷或生病痛苦時也會發出那樣的聲音。

其振動音頻是20～50 Hz的低周波，據說具有提高骨質密度、修護身體的自癒能力。至於究竟是貓咪有意識的發聲、還是無意識的發聲，則不得而知。也就是說，主人常聽見的呼嚕呼嚕，其實還藏著貓咪尚未公開的祕密。不過不管如何，心愛貓咪的呼嚕呼嚕是世界上最平和的聲音啊。

摸摸貓咪的下巴，很多貓咪會發出呼嚕呼嚕的聲音。還有些貓咪，手都還沒摸到下巴，就開始呼嚕呼嚕了起來。

「令人甜蜜蜜的歡迎回家撒嬌術」

一邊喵喵叫，還一邊發出咚咚咚的腳步聲，小跑步趕到門口，然後順勢躺下來翻滾，還不斷露出小肚肚，努力想紓解主人一天的疲勞壓力。

看到最喜歡的人終於回家，忍不住開心大跳貓咪露肚舞

一整天待在家裡的貓咪，發現主人終於回家，總是會高興得大喊：「你回來囉！」

通常貓咪會高舉尾巴，邊開心喵喵叫邊小跑步趕到主人身旁。由於跑步震動的緣故，那聲音聽來還帶著微微顫抖。接著，在你腳邊來回磨蹭臉頰或身體，使盡全力撒嬌。還有些貓咪非常好奇主人從外面帶回的氣味，不斷嗅聞主人的手腳或袋子，然後才開始磨蹭、重新染上自己的氣味。此時貓咪高舉的尾巴，是為吸引你的注意，也表達出想要撒嬌、被疼愛的心情（參照61頁）。且貓咪願意露出排泄器官，也說明他已完全卸下心防。有些貓咪還會躺在地板上翻滾，藉左右扭動身體表達自己高興極了。想必見到此狀的主人更是甜滋滋，因為貓咪只有在最喜歡的人面前才會翻滾，露出他最脆弱的腹部。

你回來了啊、我要你看看、跟你在一起我是這麼安心……如此三步驟的歡迎儀式，不僅能活化貓咪的副交感神經，還能讓自律神經處於穩定且幸福的狀態。因此，能與主人產生如此親密交流的貓咪肯定長命百歲。不過有幸與貓咪生活的你，才是最大的受益人啊，貓咪療癒的可是你的心。

「你冷漠的態度害我們陷入冷戰」

兩人親暱依偎著想看部電影，映入眼簾的卻是貓咪的背影。那身影似乎說著：「走開，我還沒認同那個傢伙喔！」

不安、警戒、漠視、冷淡……初次見面時嚴格刁難主人的戀人

第一次邀請戀人來到家裡時，貓咪通常會警戒躲了起來，也有些貓咪會裝出視若無睹的漠視態度。貓咪可以敏銳感受到客人所散發出的氣味或門口附近的氛圍，因而明白「這感覺不像是送宅配的哥哥、也不像是平時來的朋友，原來來了一個搞不清楚是誰的傢伙……」。

貓咪感覺不安時，先是提高警覺把自己藏起來。待對方坐了好一會兒，貓咪才假裝若無其事穿過廚房，突然闖入客人的視線裡。如果對方散發出的是貓咪喜歡的氣味，才勉強願意走到客人面前打招呼。

如果不是自己喜歡的氣味，貓咪肯定是漠視或始終不肯出來。「講話太大聲」「態度輕浮焦躁」「大叫著：『哇啊，是貓！』像是從未看過貓咪似的」「與主人太過親暱」「舉止做作可疑」「香水味太濃」……這些都是不討貓咪歡心的原因。

對貓咪來說，初次造訪的客人全是侵入地盤的可疑分子，他心中其實非常焦慮不安。若又是與你看似親密的異性，貓咪的檢查審核更是嚴格。

「同性相斥異性相吸」的論點尚有待查證，不過問題似乎是出於氣味

同性友人來家裡玩，家中的貓咪一如平常撒嬌迎接，有時還會加入大家的閒聊。

不過，初次見到你的戀人時，卻顯得有些焦躁不安，有時叫喚貓咪還會聽到他回以低沉的碎罵，或是想安撫摸摸他卻換來一記貓拳……。

有人認為，貓咪與人類之間似乎也存著「同性相斥，異性相吸」，例如母貓較願意討好男性，公貓較喜歡親近女性。不過，這個論點在動物學上是毫無根據，因為貓咪是否聞得到人類的性費洛蒙，還有待考證。

其實在貓咪的世界，是存在著所謂「較容易討貓咪喜歡的人」，但無關性別。初次見面的貓咪，不消多少時間即願意走到你身邊嗅聞或是撒嬌，或許是你身上散發出對貓咪滿懷善意的氣味。這種人多半對動物不懷戒心，貓咪才願意安心靠近。

來到家中的外人，尤其注意「身上不要沾染上其他寵物的氣味」。身上若帶有其他貓咪或狗等動物的氣味，家中的貓咪會誤以

為其他動物闖入自己的地盤。

所以貓咪對你的戀人發出碎罵聲，一方面可能是出於忌妒，不希望主人被這個人搶走，但也可能是這個人散發出讓貓咪不得不處於警戒的氣味。

咦，我怎麼這麼受歡迎啊？原來只要與貓咪保持不會太鬆又不會太黏的距離，任何人都有可能成為貓咪界的大紅人。

「永遠還是個孩子」

小貓想喝奶水時，會忍不住用前腳踏踏貓媽媽的乳房。如今雖已是成貓，卻還保留著那甜美滿足的回憶。

一邊縮張小手一邊忙踏踏，顯示又回到撒嬌吸母奶的小貓狀態

「他想睡覺時就會在我懷裡踏踏踏的。」

「他最喜歡在毛巾上踏踏踏的。」

不曾與貓咪生活的人，肯定不知道貓奴們在說些什麼。

貓咪碰到柔軟的東西，總忍不住伸出前腳左右左右、一二一二的揉壓，那是貓咪特有的動作，小手掌還會反覆的張開又握拳。貓咪小時候就是這樣揉壓貓媽媽的乳房，催促著貓媽媽趕緊分泌奶水，長大後想撒嬌或想睡覺時也會無意識轉換到小貓模式。尤其是碰到柔軟的毛巾、毛衣或毛毯等，更是踏個沒完沒了。

若要選出貓咪「最萌、最可愛的舉動」，這個「踏踏」肯定會贏得第一高票吧。就算再年長的貓咪總還是保有小貓的「踏踏」習慣，想到自己的貓咪永遠像個孩子似的，也喚起主人想要保護貓咪的本能。而貓咪這無意識的「踏踏」行為，也說明貓咪在這個家中生活得既安穩又舒適。

不少主人非常盼望貓咪可以將「踏踏」運用在為主人揉壓肩膀或腳底按摩上，可惜似乎很難如願。

「比昨天又近了十公分喔」

慢慢卸下心防靠近，貓咪的地盤漸漸變成兩人共有的世界

第一次養貓的人，必須先認清這樣的事實——「與貓咪的同居生活，其實是自己終於被允許住進了貓咪的地盤」。

表面上那還是你的家，但只要貓咪住進家裡、到處留下記號後，就等於是「貓咪的地盤」了。貓咪的基本習性是「確保鞏固自己的地盤，品味獨自的生活」，也因如此，才總是讓人感覺驕傲、不易親近，還帶有自我為中心的刁鑽。

終於，視野的角落出現貓咪澎澎毛的身影。明天還會更靠近吧，說不定一不小心就來到枕邊，枕著你的手臂打起瞌睡。

不過隨著飼養時間的增長，漸漸、慢慢縮短彼此的距離時，貓咪的舉動總能讓主人喜不自勝。貓咪開始待在你身邊的時間逐漸變長，起初晚上睡覺時只願意待在床邊的椅子，然後再依床腳邊↓胸口邊↓枕邊↓被窩裡的順序靠近。

彼此距離的縮短，也象徵貓咪終於允許你得以自由進出他的地盤。當然這些仍得透過日日準備貓飯、一起玩，才能與貓咪建立起親密的關係。一旦彼此毫無距離時，也表示這個地盤是彼此共有的空間。來到那個時候，恐怕你沒有貓咪也活不下去，相信貓咪也懷著同樣的心情。

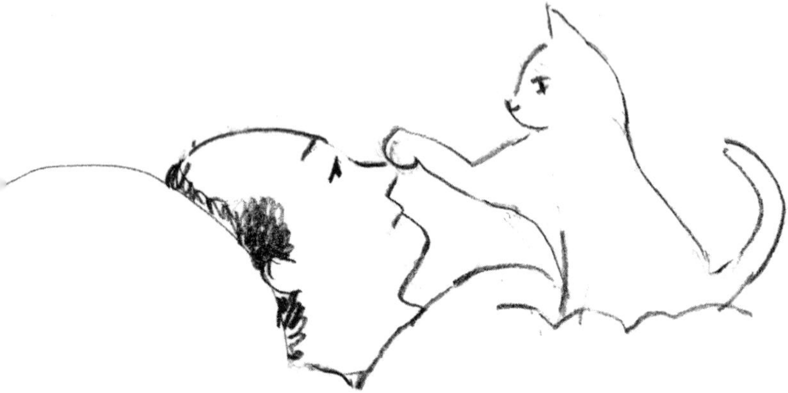

在肉球的溫柔拍打中醒來，貓語果然不可思議啊

貓咪也會對人碎碎念，為的是向你傾訴他想要什麼，清楚易懂的喵叫聲或舉動等都可稱之為「貓語」。

所謂的貓語，其實不僅是喵嗚或喵喵的聲音而已，鬍鬚、耳朵、尾巴的擺動或全身表現的舉動或姿態，皆帶有含意，也是貓咪為溝通表達所採取的行動，算是世界上最不可思議的語言。例如「以貓掌拍打主人的臉頰」，那模樣像要跟你說些什麼，硬說是貓語也的確是貓語，所以姑且可當作「你睡覺

「有何貴事？」

啟動貓肉球鬧鐘，如果主人醒了，貓咪的計謀也算成功了一半。至於貓咪喚醒你的真正動機，不妨看看他接下來的舉動吧。

時或你老是不理我」的抗議貓語。

然而貓咪真正的意圖，其實是想喚起主人「有何貴事？」之反應。從貓咪接下來的舉動，則可以了解貓咪究竟想說些什麼。例如想到外面去，貓咪可能會走到門前；或開始怒罵他想上廁所，你卻還沒換貓砂；或告訴你他的肚子餓扁了，趕緊跑到廚房等待……雖然逼醒熟睡的人是頗不人道的，可是千萬別忘了也只有面對心愛的主人，貓咪才願意以碰觸身體表達意見。

不過喚醒你後，卻無下一步舉動時，有可能是貓咪玩心大發，只是想摸摸你而已。

「你是想告訴我不准走遠嗎？」

當心愛的貓咪穩穩坐在你的腿上，對主人來說簡直是至高無上的幸福。而貓咪心裡可清楚得很，此時此刻的你絕對不敢亂動。

只要貓咪穩穩坐在你腿上，你就什麼也做不了（等於你被他征服了！）

貓咪坐在你的腿上時，其實就代表他準備降伏你，他認為這樣你就只得乖乖聽他的。試想一下，是不是每回當你覺得「好像該去工作了」「好像該準備出門了」……正欲起身做什麼之際，貓咪不知何時已跳上你的腿、穩穩的坐著。一旦被貓咪坐住，也等於被牽著鼻子走，這是主人們無可救藥的通病。儘管已到非出門不可的時間……主人還是忍不住擔心：就這樣把貓咪趕下去，是不是太殘忍了？導致最後什麼都不敢做。

尤其是男性，雖覺得工作時間寶貴，不想被貓咪牽制而什麼事都做不了，可是心底總不免擔心害怕「會不會遭到貓咪討厭」。而貓咪更為了穩坐在主人大腿上，便不由得露出尖爪死命的抓著，讓主人腿上盡是爪痕。

為何每回起身想去做別的事，貓咪就會趕來占據你的大腿呢？彷彿是特地來告訴你別輕舉妄動似的。其實貓咪即使趴著睡覺，聽覺、嗅覺、鬍鬚無不敏銳的覺察著周遭氛圍，因而趕緊跑來告訴你：「把你那溫軟又有彈性的大腿讓給我吧，先別管其他事了。」這時，如果你屈服於貓咪的無言逼迫，也表示：你已徹底被他征服了。

「一定要這樣適可而止嗎？」

「我可不想被抱得這麼緊！」貓咪驚恐掙扎，逼得你不得不鬆手。不過，貓咪還是有想被緊緊擁抱的時候，但不是現在。

束縛或緊黏相貼是貓咪最難以忍受的，他只需要適可而止的接觸

貓咪的祖先是分布在非洲至中近東的非洲野貓（African Wildcat），紀元前二五〇〇年左右逐漸受埃及人馴服為家畜，這也是家貓的由來。原本人類飼養家貓的目的是為防禦老鼠偷吃穀物等，因而貓咪才開始與人同居。而安居的代價是：必須捕抓老鼠，那也是當初彼此住在一起的約定。可是沒想到如今，人類卻還多出必須膩在一起的種種要求。

這些要求多半基於人類想被「療癒」的需求，但就貓咪看來根本是騷擾。儘管貓咪喜歡窄小空間，卻一點也不喜歡無距離的緊密接觸，因為那會導致他在遭遇危險時失去敏銳的瞬間反應，所以貓咪喜歡靠著你睡覺，卻無法忍受被緊密擁抱。

其實貓咪並不討厭人，而且還不斷探求與人的碰觸。不過他願意被碰觸的可能僅是四隻腳中的某一隻、或是屁股而已、又或是身體的某部分，只有這樣才能令他安心。當然你不免想「我們不能再親暱些嗎？」但碰觸面積的決定權，你還是只能全權交給貓咪。若你單方面抱緊處理，貓咪可是會發出尖叫聲、飛也似的逃走。就貓咪的感覺，若即若離才是最適當的親密接觸。

COLUMN #1

貓咪喜歡的人與貓咪討厭的人

「我好喜歡貓咪，喜歡到不行……」就算你全身散發出這樣的氣息，貓咪還是不會買單的。尤其是初次見面的貓咪，你不過就是個素未謀面的陌生人罷了，裝熟、裝熱情都無法討貓咪歡心。儘管如此，如果你還是一心想與如此美麗且柔軟的動物做朋友，那就要多點耐心，學習靜心等候，直到貓咪願意主動親近為止。

只要貓咪發現你不是什麼危險人物，便願意開始靠近嗅聞。但此時貓咪靠向你的指尖或鼻尖，並不表示你就可以突然抱起他，被強抱住的貓咪肯定瞬間逃跑，心裡還嘀咕著：「我都還沒有認同你呢，憑什麼喵！」所以要靜靜

的、靜靜的，等待自己的氣味逐漸與貓咪的氣味融合為一。如果貓咪感覺舒服了，周遭自然會流露出允許你親近的氛圍，此時不妨溫柔摸摸貓咪的下巴、鼻尖、耳後。尾巴或腳尖雖易引發讓人想摸的衝動，但由於是敏感部位，還是應該自制。撫摸後，有些貓咪會開始放鬆，甚至發出咕嚕咕嚕的聲音，有時還會扭動身體逼近你，像說著：「這裡也要摸摸喵！」簡直讓喜歡貓咪的人欲罷不能。

就要以為我們倆已經變成好朋友了……突然，貓咪翻臉不認人，轉身離去。「怎麼會……」你不免失望的垂頭喪氣，但是別忘了，貓咪就是這樣的動物啊。此時千萬不要去追他，否則容易造成反效果；就算是路邊的野貓也好、朋友家中的貓咪也好，舉凡是貓，想要討他的歡心就要順從他的要求，絕不可擅自主張。經過幾次的見面，貓咪也許會想「這個傢伙，還算是個好人啦喵」然後，你就能晉升為貓咪喜歡的人了。

「對不起，讓你有滿腹的壓力」

哎呀，他又逃開了。當然貓咪的下一步，肯定是跑向磨爪板釋放壓力。此時千萬不要追著貓咪跑，先讓他喘口氣吧。

為了主人我願意稍微忍耐，但我真的不喜歡抱抱啊

喜歡貓咪的人，恨不得整天把貓咪抱在懷裡，尤其是冬天，簡直像抱個小暖爐。但被抱的貓咪起初還算溫馴，五至十秒後就開始蠢蠢欲動，有時甚至趁隙逃離主人的懷抱。

貓咪本來就不太喜歡被抱，雖然喜歡鑽進狹窄的空間裡，卻不喜歡被強迫，那是出於天性的防衛本能，特別是身體被迫受到限制時，會害怕自己無法面對突發的危機。貓咪突然被抱起時，心中立刻明白「這個人想抱我」，遂心一橫「既然想抱我，那我就勉強配合一下好了。」儘管主人與貓咪對抱抱並無共識，但有些貓咪還是會靜靜待在主人的懷裡。不過說到底，討厭的終究還是討厭。

有些貓咪從主人的懷裡逃跑後，會一邊露出鬆口氣的神情，一邊磨爪或舔理毛，彷彿剛剛遇上了多麼討厭的事，現在得趕快重整心情。

也就是說，你的抱抱對貓咪根本就是一種壓力。為什麼貓咪對擁抱如此抗拒？貓咪雖是寵物，但畢竟還保有半野性的天性。若仍無法理解貓咪的心情，不妨想像自己抱住山貓後會有什麼後果吧。

「我摸過的地方
那麼臭嗎？」

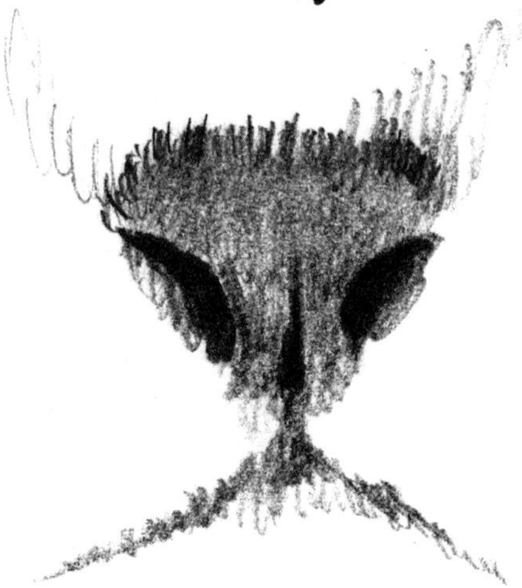

並不是因為你摸過的背脊、尾巴帶有異味，貓咪重新舔過是為了染上自己的氣味，是為了安心而不是為了除臭。

不喜歡身體沾染其他氣味，所以會趕緊舔掉

貓咪習慣嗅聞人或物品等各種物體的氣味，感覺像是隨時聞個不停。但是，那絕不是「這個氣味很臭」的緣故。

貓咪具有強烈的地盤意識，對其他貓咪或動物的氣味非常敏感。非常不喜歡自己的地盤沾染別人的氣味，因而時時警戒防禦。

若不慎身體沾染到「不屬於自己」的氣味時，更是渾身不對勁，非得重新舔過、消除那些氣味。

例如被初次來到家中的客人撫摸後，或來客身上帶有飼養的貓咪或狗狗的氣味時，嗅聞舔拭的反應更是激烈。

就算是主人，在做料理之際或吃過燒肉、壽司後撫摸貓咪，也會讓貓咪心懷怨恨而拼命舔拭，因為你手上明明有著他沒有吃過的食物氣味卻還是摸了他。此時，貓咪會耗費比平常更長的時間仔細舔理毛，去除令他不悅的氣味，舔時流溢出的唾液即能覆蓋上自己的氣味，透過這樣的舉動，貓咪才會感到安心。所以摸過別人家的貓咪後，若沒有先洗手，千萬不要摸自家的貓咪啊。

「我最喜歡這麼愛乾淨的你」

與其說是整理儀容，倒不如說是為了放鬆

貓咪喜歡乾淨，每天勤於舔理毛。相對於那些不顧頭髮整齊與否即趕著出門的主人，實在應與貓咪看齊啊。

人類整理儀容多半是在意他人眼光、或為吸引異性的青睞，但貓咪卻毫無這樣的邪念。那麼，他們為何如此勤於舔理毛呢？如前面所提，實在是為了除去身上的異味，以保持心情的平穩與放鬆。

貓咪以舌頭舔理體毛或皮膚，每天要做

貓咪舔理毛是為了沾染自己的氣味，同時也喚起幼年時被貓媽媽舔撫的甜美記憶，可以幫助自己穩定情緒。不過某些程度，或許也是為了愛美吧。

上好幾回。對貓咪來說，這些舉動除了可以維護清潔，舒壓也是重要的生理功能。

還是小貓時，貓媽媽會幫忙舔理毛，透過貓媽媽舌頭舔理的撫慰，小貓得以感到安心且放鬆，漸漸就能入眠。長大後的貓咪也透過舔理自己的毛，身體力行重溫當時的舒壓效果。因此，日日的舔理毛不僅是為了乾淨，遇到討厭、不安的事情時，或是想從緊張的情緒中舒壓放鬆時，也會開始舔理毛。

舔理毛還可以促進血液循環，有利於貓咪的健康。既然具有如此多重的效果，當然更是不能不舔理毛了

「明明剛才還那麼開心的說……」

露肚翻滾的途中突然來記貓拳，所以對貓咪的撫摸也不可過當

不要自以為與貓咪很熟，即能掉以輕心、隨便亂來。舉例來說，有時貓咪在沙發上呼呼大睡，睡到露肚呈現毫無防備的「仰天睡姿」，主人見狀總忍不住逗弄。

於是搔搔肚子、摸摸側腹，貓咪終於醒來了，看似很享受撫摸般的滾來滾去，或是興奮過度時還會來個溫柔的貓抓咬。讓主人覺得實在可愛得不得了。不過，若得寸進尺不斷撫摸貓咪的肚子，貓咪可是會突然嚴肅的抓咬或突襲，有時甚至不惜發出威嚇聲，

方才還扭腰擺臀、躺在大腿上撒嬌，沒想到轉眼間隨即翻臉怒叫……。不過這般的陰晴不定，正是貓咪的迷人之處啊。

嚴重時還會展開攻擊。讓愛貓人備受打擊，「剛剛不是還甜蜜似漆的嗎……」。

其實貓咪並非無緣無故進入發怒模式，而是基於天性的防衛本能。

肚子或側腹都是貓咪的重要部位，平時是不隨便露出給對方看的。縱使是主人的溫柔撫摸，但過度碰觸這些重要部位，還是會讓貓咪產生「緊急！危險！」的防衛天性。也就是說，對貓咪的撫摸也要適可而止。

「今天的尾巴怎麼動都不動呀」

有時乾脆用尾巴代替回答，從尾巴看出貓咪的心情

若以為每回呼喚貓咪，必然有所回應，那可就是大錯特錯。貓咪也會從經驗中學習，如果發現你有事沒事喜歡亂呼喚，他可是不會呆呆的每傳必到。既然是家中的一分子，心底難免希望主人還是要有所分寸。不過儘管裝作不回應，尾巴的擺動卻還是乖乖回應了主人，等於是在告訴你：我聽到了啦。

就解剖學的觀點來說，動物的尾巴就是脊椎的延伸，是生理構造中的重要器官。尤其是貓咪，尾巴更表露出了情緒。也就是說，

貓咪的尾巴是會說話的。

例如心情平靜時或準備做些什麼時，尾巴會緩緩左右搖擺；高興時或想撒嬌時，尾巴會舉得高高的走過來；心情煩躁時，尾巴則是啪吋啪吋的左右用力揮動，特別是休息時受到打擾或捉弄時，就等於在告訴你「我已經生氣了喔！」。

與貓咪相處久後，便能讀出尾巴的情緒語言。呼喚貓咪卻換來尾巴動也不動時，肯定是貓咪聽出你的語調透露著「其實我只是無聊亂叫你啦」貓咪遂故意充耳不聞，把你的呼喚當作空氣。

啪吋啪吋、啪吋啪吋，貓咪的尾巴規律的拍動著，像在說些什麼似的。不過，若尾巴動也不想動時，也許是貓咪現在一點也不想理你。

「吃飽了就分道揚鑣嗎？」

既然是貓咪，吃飽後擺臭臉、冷淡不理人也是理所當然

貓咪非常清楚哪個時間、是誰會來準備飯飯，當體內的生理時鐘響起「該吃飯」的鐘聲時，就會忍不住跑來哭叫抱怨：「飯飯呢？為何還沒好？」聽到打開貓罐頭或飼料袋的聲音，便立即有反應、或是高分貝喵喵（快點啦）大叫，簡直毫無保留的表達出食欲至上，也唯有這個時候才能讓主人感受到「這傢伙終究還是得依賴我啊」的被需要感。

不過不知是先前吵鬧得太過火，還是怎麼了，一吃完飯竟就不理人。即使是剛才給

「喂、喂，時間到了喔！」貓咪催促主人弄飯飯的模樣真是可愛極了。不過多數的貓咪吃飽飯後，就懶得理人了。

過飯飯的主人也不願搭理，就算主人伸手想抱抱，也會瞪眼似的說：「你沒看到我正忙著餐後的理毛工作嗎？」貓咪實在無法考量到往後相處的長久問題，他的腦袋裡只有「當下的問題」。好吧，就算如此，那用餐前與用餐後的態度丕變又是怎麼回事……？

內田百閒的《野貓家》裡提到：「我喜歡的就是貓的這種淡漠，若是知恩圖報，倒令人不知所措。受夠了社會講求有恩報恩的來往交易，野貓的不屑一顧，反讓人得到救贖。」就因為貓咪的淡漠，才令人感到舒服自在啊。畢竟貓咪願意與你生活在一起，就是最好的報恩了。

「喂，你到底看到了什麼？」

循著貓咪望向的盡頭，不過是一面白牆。也許貓咪的五感正在全心全意感受牆壁後方的某個東西吧。

發揮卓越的視覺與聽覺，專心凝視神祕區塊

幽暗中，貓咪盯著某角落，而且瞳孔還閃爍著異樣光芒……究竟他看見什麼？

貓咪眼睛的感光度是人類的六～八倍。其視網膜細胞能接收到非常些微的光線，所以即使在再黑暗的地方也能看得見，可說是如假包換的半夜行性動物。同時，他的動態視力也非常優越，能即刻辨識「獵物」。此外，貓咪的聽覺也十分驚人。貓咪可以聽到的音域（可聽周波數範圍）足達45Hz～9萬1千Hz，人類最高的可聽音域是2萬Hz，狗狗也僅有4萬7千Hz。也就是說，貓咪能聽到無論是人類或狗都無法聽見的超音波，一旦判別對象為「獵物」後，即陷入聚焦凝視狀態。貓咪不僅可以聽見獵物的腳步聲，甚至翅膀的拍動聲、身體的擺動聲也都能聽見。因此，即使獵物身在牆壁後，貓咪還是看得見；即使一片漆黑，也照常看得見。

貓咪專注注視人類無法理解的神祕區塊時，正是在徹底發揮狩獵者天性的優越視覺與聽覺，尤其是凝視著黑暗中的一角時，也表示他正默默享受著這分靜謐中的亢奮。此時，就悄悄走開吧，讓貓咪好好充分體會「屬於他的神祕區塊」。

「柔軟又豐滿的肉球，有誰不喜歡呢？」

肉球
Pad

moe parts zukan

可愛得讓人
不禁為之傾倒

超萌分解圖鑑

貓咪擁有纖細優雅的姿態、變化莫測的表情，
尤以可愛到破表的各肢體部位，
更是令人著迷之處。
那麼，你覺得貓咪的哪個部位最萌呢？

是貓咪全身上下，唯一會排汗的部位

誰都喜歡肉球的觸感，但摸得太過火，貓咪還是會生氣的……想必許多人都有過這樣惹火貓咪的經驗，而且不只一次。更有人是無法自制的肉球控，對一押肉球即伸出貓爪的遊戲欲罷不能。

貓咪的肉球，可不是為了可愛而存在，它有著狩獵或鞏固地盤的重要功能。狩獵時，靠著肉球的吸音作用（不過也有些貓咪缺乏警戒心，走起路來咚咚作響），才能不動聲色的逼近獵物。觸摸過肉球的人都知道，摸起來其實帶點潮濕感，因為貓咪僅能靠肉球排汗，汗水混合了指間分泌出的分泌物，因而形成貓咪獨自的氣味，讓踏出的每一步像蓋上自己專屬的印章，建構出私有的領域。

由於排汗，肉球帶有些許的潮濕感，因而還兼具止滑作用。不過過度緊張時，可是會汗流不止。此外，肉球的顏色也會隨毛色而有所不同，虎斑貓大多是黑色或深褐色的肉球、橘貓或白貓是粉紅色的、灰貓是黑色的（但也有例外）。

眼睛

Eye

「！」

「那動來動去的逗貓棒，是用來誘惑我的嗎？」

歪著頭露出不可思議的表情，其實是為了看得更清楚些

有時像圓珠、有時像針般細長，貓咪的眼睛（瞳孔）就是如此千變萬化。當眼睛像黑球般圓滾滾時，肯定是待在黑暗中、或正在偵查什麼，因為放大瞳孔才能盡其所能獵取視覺訊息。相反的，在明亮處瞳孔則縮小變細。

貓咪辨識動態物體的視力（動態視力）優越，但視力本身不佳，有時甚至無法看清楚靜態的物體。所以若貓咪歪著頭，像是看到什麼不可思議的東西時，其實他正在嘗試變換眼睛的角度，試圖看見那不易看清楚的物體。至於剛出生的貓咪，無論品種或毛色，都有著稱為「kitten blue」的湛藍綠色眼睛。那是瞳孔虹彩的黑色素較少的緣故。出生後三個月左右，隨黑色素逐漸沉澱，就會變成貓咪天生既有的瞳孔顏色。

多數貓咪的眼睛顏色是金色或黃綠色，白貓或暹羅貓等毛色較具有特色的貓咪多屬藍綠色眼睛。不過，有的白貓卻極具特色，左眼是金色、右眼是藍綠色等，呈現左右眼顏色相異的「odd-eyes」。

尾巴
Tail

「來玩吧，我現在心情正好！」

「你是敵人嗎？小心我把你踢飛喔！」

無論長也無論短，都能表露心情

「喂、喂！」的叫著貓咪時，有時貓咪會以尾巴的拍動代替回答。啪咑啪咑左右用力拍打，表示心情焦躁；啪咑、啪咑緩慢的擺動，表示心情還好，不過現在大概只想敷衍了事。原來，貓咪的尾巴也會洩漏內心的情緒。

如果走過來時尾巴呈挺直狀態，則表示貓咪想要討摸摸，因為小時候會被貓媽媽舔拭屁股，從此小貓靠近貓媽媽時就會自然而然挺直尾巴。所以，長大的貓咪只會對仿若貓媽媽般值得信賴的對象做出這樣的舉動。

若是尾巴膨脹變粗，就是受到驚嚇或企圖威嚇對方。尾巴纏在兩腿間或緊依著後腳，則是因為害怕而希望自己看來渺小些，也是爭吵打架時的投降信號。尾巴較短的貓咪，尾巴的動作也許看來較不明顯，不過本人（本貓）可還是一本正經的藉著尾巴表露心情。

耳朵

Ear

「是誰打來的電話？」

如果你要跟我說話，拜託嗲聲嗲氣的

明明背對著你，貓咪的耳朵卻往後傾，原以為他一副淡漠不感興趣的樣子，其實正豎耳偷聽「是不是在講我的壞話喵？」由於貓咪的左右耳可以各自運作，聽到的聲音僅有些微的時間差，因而得以正確判別出音源的位置。

一般說來，人類可以聽到的聲音頻率範圍是2萬Hz，貓咪則是9萬1千Hz（狗約4萬7千Hz）。也就是說，比起人類，貓咪可以聽到高過四倍以上的音頻。

貓咪的獵物多半是老鼠等生物，這些生物會發出較高音域的聲音，在貓咪尚未馴化成為家中寵物的野生時代，正是運用天生優越的聽覺以獵取食物。

不過，對貓咪來說，聽來最舒服的音域，其實是2千至6千Hz。若比擬為人類的聲音，則屬於較高的音頻。換句話說，貓咪喜歡女性的聲音更勝於男性。所以想要討貓咪歡心的男性，不妨試著把自己當成女人，以嗲聲嗲氣的溫柔語調與貓咪說話吧。

「這些舊舊的爛紙，有種特別的味道耶……」

敏感的鼻子，在興奮時會充血

只要手來到貓咪面前，他的鼻子一定會湊過來，藉嗅聞了解狀況。據說貓咪的嗅覺力是人類的二十多萬倍以上，沒想到那麼小巧的鼻子竟有如此大的本事。其祕密就在於名為「嗅上皮」的嗅覺感知器官，與人類的相較起來，貓咪的有近五~十倍的大小，卻收納在那麼小的小圓鼻裡。其靈敏的程度，甚至可以嗅聞出食物所含有的蛋白質種類。

經常可聽到貓咪主人發牢騷說：「我家的貓咪竟只願意吃昂貴的罐頭！」不是貓咪偏好高級或昂貴的食物，而是他可以嗅出食物是否新鮮、是否含有自己所需的營養，也就是說貓咪可以判別出美味食物的氣味（不過其中當然也有專挑高級貨的貓咪）。

但因貓咪只會使用鼻子呼吸。如此敏感的鼻子，一旦感冒纏身就會失去食欲。因此感覺你家的貓咪有異狀時，一定得趕緊去看醫生喔。貓咪的鼻子上還有著像人類的指紋般的紋路，每隻貓咪的鼻子紋路都長得不一樣，故也稱為「鼻紋」。

鬍鬚
Vibrissae

「看來不修邊幅？我的鬍鬚可是遍布全身，還是最佳的偵測器呢。」

「那是什麼？像似從沒見過的傢伙！」

不只是嘴邊，其實全身都長著鬍鬚

鬍鬚可是讓貓咪的表情看來格外有趣的助力之一。若眼前出現令他感興趣的東西，嘴邊的鬍鬚會立刻往前靠攏；驚嚇得全身縮小時，鬍鬚也會貼著臉頰往後傾。

事實上，貓咪的鬍鬚（觸毛）不僅長在嘴邊，眼睛上方或旁邊、下顎下方、手腕等處也都有，就連身體或頭部也長著一定比例的鬍鬚。換句話說，貓咪的全身上下皆有鬍鬚的蹤跡。鬍鬚的根部聚集著許多神經細胞，可以敏銳感受到物體的移動或空氣的流動。

因此，即使身在幽暗處也能察知周遭狀況而有所行動，縱使是些微的移動，他們也能感受到。

若是惡搞亂摸貓咪嘴邊鬍鬚的根部，貓咪肯定會嘴角抽搐上揚或不自覺的眨眼。那是因為鬍鬚的根部連結著嘴角、眼皮的神經，鬍鬚偵測到臉部周圍有異物，遂反射性的抽動肌肉。那不由自主抖動肌肉的模樣的確可愛，不過鬍鬚可是貓咪敏感且重要的部位，胡亂摸過了頭，還是會惹貓咪生氣的。

舌頭
Tounge

「哇啊，太好吃了。我真的太滿意了！」

舌頭表面帶有顆粒，能靈巧的吃飯或喝水

「你這個無可就藥的傢伙喵，乾脆我來幫你整理整理吧！」有些貓咪會好心的舔理主人的手或臉。被舔過的人一定知道貓咪的舌頭並非平滑，而是帶有顆粒狀，就像人類舌頭的「味蕾」，是已角質化卻可感受到味道的器官。

原本，貓咪以捕食獵物維生，靠著舌頭即可將獵物的肉從骨頭分離；至於家貓則是運用這帶有顆粒狀的舌頭舔理體毛、或是搬運食物或水進入口中。

這些角質化的「味蕾」估計有兩百～三百個，所以單憑舌頭的滑動即可靈巧的將食物送進口中。

貓咪喝水時，據說一秒鐘舌頭可以進出三～四次，換做人類恐怕已經累壞了吧。若以慢動作畫面觀察貓咪喝水的模樣，會發現舌尖像支湯匙般彎曲且快速碰到水後，隨即猛然將水面撈起的水滴送入口中，敏捷的程度實在令人嘖嘖稱奇。

當然也因為貓咪擁有如此獨特的舌頭，才衍生出這樣奇特的喝水方式。

只有貓咪才辦得到的
高難度動作

令人怦然心動的萌姿勢

「你被看光光了啦！」

感覺像是要賣弄自己的柔軟度，故意舉起單腳，展現平衡感。此姿勢可見於貓咪上完廁所後的清潔、或是舔拭後腳時。

「哇啊，連我都嚇壞了！」

發生意想不到的事情了！這個時候，貓咪會迅速的往後飛跳，宛如野生動物般。也讓人意外發現貓咪不同往常的另外一面。

「先從放鬆背部開始～」

此姿勢常見於睡完午覺或吃飽飯後，看來像是極為舒服的伸展，有些貓咪還會不小心吐出舌頭。

「接下來表演的是單腳走路」

看貓咪盡全力一邊抬起後腳伸展、一邊走路，讓人不住狐疑你到底是要伸腿，還是要走路？

CHAPTER 2

一直吃一直睡一直玩的夢幻貓生活

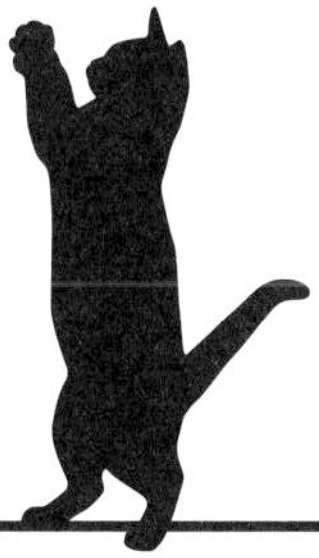

「還有一點點，為何不吃完？」

「啊，好飽喔，即使只剩一口我也吃不下了喵。」能這樣留下食物不吃的貓咪，其實是幸福的。若飼養多隻貓時，也許就無法留下食物了，而是上演食物爭奪戰。

也許是不喜歡食物全部消失的緣故吧

放在容器裡的飯飯，許多貓咪必然會留下些許。有每回必留下一兩口的貓咪，也有無論給多少分量都留下三分之一的貓咪。

其實不把食物全部吃完，是貓咪特有的習性。也因此人類的父母看到小孩不願把飯吃完時，就會故意恐嚇「娶貓妻，嫁貓夫」。

為何貓咪習慣留下食物呢？有一說是認為：野生時代受限於無法隨時捕獲獵物，於是習慣不吃光食物，留些之後再吃，至今仍保留了此習性。的確是這樣啊，前晚容器裡留下的飯飯總在翌日早晨幾乎淨空，想必是夜裡肚子餓時一點一點吃掉了。想吃東西時卻沒有食物可吃，是多麼難受的事啊，看來貓咪也有同樣的心境。所以貓咪故意留下些許的食物，或許是害怕無東西可吃的窘境。

至於其他的理由還有：貓咪的天性是少量多餐，無法一次吃下太多的食物。所以，能飽餐一頓即歡天喜地的恐怕只有人或狗吧，就貓咪來說那簡直是痛苦地獄。總之，貓咪留下些許食物不是為了節省、也不是捨不得吃，而是他們容易心生「我已吃不下」的飽足感。

「真的那麼好吃嗎？」

愈吃愈投入，甚至忍不住發出歡喜的喵吼聲

前一篇提到「貓咪的少量多餐之習性」，或許有些主人會抗議：「可是我家的貓咪每次都吃個精光！」的確，健康活潑食欲旺盛的貓咪——尤其是出生後不到六個月的小貓，每次吃飯總是驚天動地的狼吞虎嚥，「一點也不剩」才是常態。

甚至偶爾在吃飯時，全身的毛豎立，還會發出喵嗚喵嗚的低吼聲，像是邊吃邊激動的說著：「肚子餓死了！」「飯飯耶！我的飯飯！」那無意識所發出的低吼聲，聽起來

「呼喵呼喵！（有魚，我可以吃三碗飯！）」只要美食當前，貓咪肯定食欲高漲，有時還會邊吃邊發出喵吼聲。

像是生氣時的低音「au」，不過也有些貓咪發出的是高音調，像是歡天喜地的貓語：「好吃好好吃喔」或「喵嗚飯喵嗚飯」。其實這些低吼聲並非有意識的發音，而是吃飯時隨吞嚥所發出的特有聲音。愈是狼吞虎嚥，愈容易發出那種像是貓語的低吼聲。

即使平常安靜無聲的老貓，吃到難得的美味時也會因過度興奮發出「啊呼啊呼」或「哞呵哞呵」的低吼聲。感覺像在說：「這是什麼？簡直是貓間美味嘛！」害得主人都忍不住害羞起來「真的有這麼好吃嗎？（還是暗指我平時給的飯飯太難吃了……）」。

「你是不是想讓美味布滿全身啊！」

因為人家想在吃過美味食物的幸福中入眠嘛……

說貓咪是動物界的美食家，一點也不為過，然而給他市售的乾飼料，他還是會默默吃完啦。

但是，吃到平時難得會有的高級生魚片或號稱特別料理的高級貓罐頭時，貓咪的大腦還是會升起滿足與幸福感。與人類吃到難得美食時的幸福感，可說是如出一轍。

而且，貓咪在吃過美味的食物後，會開始仔細徹底舔毛。理由不是為了讓全身布滿從前腳尖開始，接著是側腹、大腿、再來到後腳尖，在超級美味的飯飯後，肯定會上演這難得一見的徹底舔毛術。

美味的氣味，而是因為餐後的飽足感讓他想要好好舔理一番。與其說貓咪是以味覺享受美食，不如說是從嗅覺得到滿足。飽餐一頓後的安心感與幸福感，會讓他覺得「好舒服喔，真想好好睡一覺」。

不似消磨無聊的舔毛或壓抑不安、焦慮、害羞而採取的舔理毛（又稱為「轉移行為」），此時的舔毛是認真且徹底的。由於舔理毛具有療癒效果（參照第46頁），如此的全身性舔理過後，更讓貓咪處於安心平穩的狀態。順著餐後幸福的餘韻，再加上舔理毛後的舒服，接下來就可以好好睡上一覺了。

「我不是告訴過你，吃八分飽就好嘛」

說實話，貓咪也不想吐啊。看到他如此痛苦的模樣，或許溫柔的摸摸他的背，會讓他稍微舒服些吧。

主人應協助那些因「暴飲暴食」而嘔吐的貓咪控制食量

貓咪的用餐多半是「暴飲暴食」。有些年輕的公貓甚至才看到拿出的飯飯，立即把臉塞進飯碗吃了起來，即使主人喊著：「不要吃得那麼快，不會有人跟你搶……」他也不願理會。

若是飯碗中裝的是美食，更急得狼吞虎嚥，根本來不及咀嚼。由於貓咪沒有臼齒，無法以牙齒磨碎食物，只能以尖銳的牙齒撕碎成適當的大小再吞嚥。在無水也無湯汁的情況吃進食物，常導致食物來到胃時幾乎還是原來的形狀。狼吞虎嚥的結果，會造成胃或食道的容許量瞬間超載，不得不嘔吐出來，也浪費了好不容易吃下的食物。

身為主人應該協助貓咪控制食量，特別是食欲旺盛的貓咪，不要一次給予過量。儘管胃有既定的容量，貓咪可是不管那麼多。如果端出的是貓咪喜歡且新鮮的食物時，更要採取少量多次的餵食。當主人看到貓咪嘔吐，常會責怪他「浪費食物」或「弄髒什麼的」，但又擔心貓咪是否生病。主人的嫌惡與擔心，貓咪都看在眼裡了。其實嘔吐不過就是正常的生理反應，下回請不要再責怪貓咪了。

明知道會給人添麻煩，還是不由自主的吐了

繼續前一篇的話題，貓咪的確是較常嘔吐的動物。除了狼吞虎嚥造成消化器官的抗拒作用外，也因體質的緣故，不少貓咪平時在餐後都會來上一陣嘔吐。既然是嘔吐，主人難免擔心身體是否有異狀或生病了，但只要不是一日吐上數回、吐後看來病懨懨，大體來說都無須擔心。

畢竟，嘔吐也算是貓咪的特殊技能。因為每天舔理毛，舔掉的毛難免入口積蓄在胃裡，最後只得靠嘔吐吐出毛球。貓咪會定期吐出囤積在體內的毛，仔細觀察那些隨著「嘔嘔」奇妙聲響吐出的物體，若是混雜著唾液黏液的毛塊，即是所謂的毛球。

貓咪也偏好帶有細長葉片的禾本科植物，據說吃過那些植物較容易吐出毛球（不過也有些貓咪不愛）。市售的貓草，就是禾本科的黑麥草（Italian ryegrass）或燕麥等植物。燕麥也是倉鼠或鳥的飼料，在家可自行栽種，是較易入手且常見的貓草。這些植物的葉子含有代謝所需的維生素等物質，此外，豐富的纖維質還可以刺激胃壁，讓毛球更容易排出體外。

也許是這些草有別於一般食物的口感，咀嚼起來特別有趣？經常可以見到生活在外的貓咪，一邊優閒散步，嘴裡還嚼個不停。

與其喝準備好的水，貓咪更想要的是走到哪喝到哪

居住戈壁沙漠的遊牧民族，並不需要大量水分，曾經居住在那裡的貓咪當然也不需要特別喝水。他們可以透過某種形式補充水分，也適應了些許水分即能生存的生活。由此看來，緊黏著水龍頭喝個沒完沒了的貓咪，似乎有水分攝取過量之嫌。也或許家貓是沙漠貓的進化版，所以如今的他們更懂得如何順應都會生活。

有時已為貓咪準備好乾淨的水，卻發現他還是喜歡喝水龍頭流出的水，甚至巧妙的

「新鮮的水特別好喝嗎？」

再一會兒就要抵達綠洲，可以喝到好喝的水囉……對來自沙漠的貓咪而言，水，是自己覓得的。

把舌頭當湯匙撈水喝。就在以為他是不是偏好流動的水時，轉眼間他又跑去喝魚缸或馬桶裡的水。簡直讓人搞不清楚貓咪對於水的偏好。

關於水，其實貓咪從未考量過味覺或新鮮度的問題，所以他不太想喝主人準備的水，而是需要時才找水喝。貓咪尤其偏愛潺潺流水或滴答滴答落下的水滴，因為這樣喝來更為有趣，也許是天性上的隨心所欲使然吧。

至於為何獨鍾水龍頭，恐怕是喚醒他生存在沙漠時尋找綠洲的遠古記憶，瞬間起了返祖現象……。

「不要吃那些，是不是比較好啊？」

與其說嗅覺敏銳，倒不如說偏好異常。莫非他想與主人吃同樣的東西？

貓咪算是乾淨的寵物，也容易適應人類的生活，無論在生活型態或飲食習慣都逐漸趨近於人類。不過，至今仍讓人搞不懂的是他們對食物的喜惡。據說貓咪的嗅覺靈敏，可以從氣味中判別這個東西可以吃嗎、好不好吃。但明明是每天吃的食物，有時貓咪聞了聞卻走開不吃。

或是，以為貓咪鐵定不敢吃加有辣椒或山葵的餅乾，沒想到你吃時他竟走了過來，開始舔個不停。有一說認為貓咪無法嗅聞出辣味，雖說是嗅覺靈敏的高手，最後卻落得無法嗅聞出沒有添加山葵的生魚片壽司，其實也是挺悲慘的。

還有，洋蔥或蔥類食物會危害貓咪的健康，但有些貓咪卻特別偏愛添加洋蔥的咖哩。原以為是少量，所以貓咪才敢吃，沒想到有些貓咪竟也喜歡吃超辣的咖哩，簡直讓人弄不清楚貓咪的味覺了。也許如此異常的嗜好，反映出了貓咪「想要貼近人類的生活型態，因而就連食物也想與人類一模一樣」之心理狀態。所以那些爭著與你搶食的辛辣零食，不妨先為貓咪把辣椒或山葵沖洗掉吧。

無論貓咪怎麼要求，還是不要讓他吃到加有洋蔥的咖哩。當你吃咖哩時，就給貓咪來份他最喜歡的食物吧。

只有我家的毛小孩這樣嗎？

貓咪愛吃的東西

喜歡濃湯味的俄羅斯藍貓

公貓的俄羅斯藍貓尼尼，最喜歡帶有雞湯味或濃湯味的薯片。令人不禁懷疑，難道是來自外國（俄羅斯藍貓）才那麼鍾愛濃湯風味嗎？

野澤醫生的答覆

貓咪是沒有國籍之分的，應該思索的是零食優劣的問題。主人理所應當給予貓咪最優質的食物。

愛生魚片的貓咪

小花是對生魚片執著迷戀的灰黑條紋母貓。平時就算爬上放滿食物的餐桌，也只是靜靜在旁看著。但若餐桌出現生魚片時則直盯主人的手，老是趁著主人筷子裡的生魚片沾上些許醬油、準備放入嘴巴之際，趕緊順手一撈，且一副非得吃到不可的氣勢，令人不禁膽顫心驚。其中的鮪魚生魚片更是他的最愛。但是，貓咪可以吃生魚片嗎？

野澤醫生的答覆

會有「貓咪不能吃鮪魚生魚片」的說法，是人類比貓咪還愛吃的緣故。其實生魚片富含優良蛋白質與胺基酸，是貓咪必要的營養來源。

吃了咖哩的貓咪

咖哩添加了洋蔥或香辛料，對貓咪應該算是刺鼻的食物，沒想到貓咪竟吃了，而且舔得一乾二淨。另外，我還聽過有些貓咪喜歡舔舐主人擦過藥膏或化妝水的肌膚。除此之外，貓咪還有人類不知道的食物偏好嗎？

野澤醫生的答覆

只要含有油脂的東西，縱使帶些刺鼻味道，都會誘發貓咪忍不住舔拭。

喜歡吃羊羹的貓咪

某日，我把羊羹放在桌上即離開座位去做別的事，沒想到才兩、三分鐘的時間，羊羹就不翼而飛，只看到貓咪在旁心滿意足的舔毛。我家的貓咪是名叫唐松的玳瑁貓。看來，那塊羊羹是被他吃掉了。從此之後，只要聞到紅豆他就歡喜得不得了。我以為貓咪偏好的應該是小魚乾或柴魚片之類的，沒想到竟也有喜歡吃甜食的奇怪貓咪啊。

野澤醫生的答覆

愈高齡的貓咪愈累積了智慧啊。只要是主人吃得津津有味的，對貓咪來說就是最美味的食物。

「自己的排泄物特別臭嗎？」

連掩蓋排泄物這麼重要的事也不做時，恐怕是對廁所有所不滿

排泄後掩蓋處理自己的排泄物是貓咪的天性，就連小貓也會乖乖去做。但是不知從何時開始，有些貓咪竟懶得掩蓋自己的排泄物，或是也不管有無掩蓋藏好，只是亂踢一陣旋即轉身離去。讓人不禁懷疑難道是討厭自己排泄物的氣味，甚至連一刻也難以忍受嗎？亂踢的結果往往令貓砂四散，剛排出的大便卻還端坐在貓砂上，最後只得勞動主人收拾殘局。收拾時想到自己的愛貓竟喪失野性，落得成為一隻不懂處理自己排泄物的墮落貓咪，心中真是一陣酸楚……。

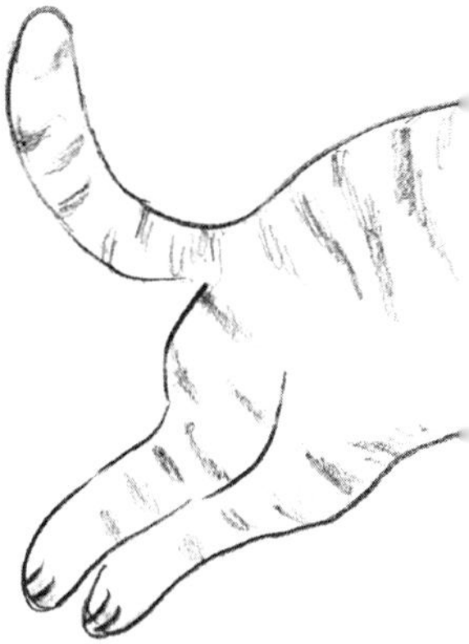

有些貓咪噗噗排出大便後，頓時有種身輕如燕的舒暢感，有時就連掩蓋排泄物的動作也不肯做了。

其實貓咪以砂掩蓋排泄物是為了消除氣味，好讓外敵或獵物等小動物輕忽他的存在，是一種狩獵的習性。生活在野外的貓咪，排泄是隨意且無固定場所，但接受人類飼養後，卻被規定必須在某處上廁所，對貓咪來說，的確有違天性。再加上近來的貓砂或貓便盆推陳出新，說穿了都是為圖人類的方便，其中更不乏是貓咪討厭的樣式。再加上，若主人偷懶不願勤清理貓砂，貓便盆的氣味日益變糟，就算貓咪想掩蓋也無從下手，最後乾脆心一橫「反正掩蓋，氣味還是在啊喵！」漸漸的連最重要的掩蓋排泄物也宣告繳械放棄。所以身為貓咪的主人，還是應該定期檢視貓咪的廁所，營造出適合如廁的環境。

「對不起，我不該偷看你上廁所」

那奇妙的表情，像說著「看什麼看啊？」

關於上廁所這件事，再也沒有任何動物像貓咪那樣謹慎與在乎了。因為貓咪非常討厭骯髒。如今的貓咪多飼養在家裡，不再能外出到處自由排泄。所謂的廁所就是主人所準備的便盆，就算貓咪覺得氣味難聞或不乾淨，也只能勉強使用；或是也有些貓咪會抗議主人不清理便盆，而偷偷在廁所以外的地方排泄，常惹得主人生氣。其實貓咪的如廁問題，終究還是傾向以主人的方便為主，感覺似乎少了對同居者貓咪的同理與體諒。

自古以來，日本人對於排泄這等事皆抱持隱諱的態度，故日文也以「御不淨」「側雪隱」「思案所」等曖昧名詞稱呼廁所。但對於敏感的貓咪而言，廁所無疑就是「思案所（深思熟慮的場所）」。如此需要專注的場所若被安置在人來人往處（即使那個人是最愛的主人），簡直就不是「思案所」了。

動物排泄時，是最無防備、最容易受到外敵襲擊的危險時刻。即使是人類飼養的貓咪，仍保持著那樣的習性，因而在專注排泄的同時還必須時時警戒周遭。若看到你關注的眼神，貓咪必然會露出尷尬的微妙神情，畢竟誰都不希望上廁所時被打擾、觀看吧。

不小心與面露不滿的貓咪四眼相對時，應自知理虧，默默離開，留給貓咪安靜且能專心上廁所的時間吧。

由於意念完全集中在屁股，因而忘神的從口邊吐出「咕」的聲音。身為貓咪，無論是吃飯、遊戲、甚至上廁所都是全力以赴啊。

「加油！」

過度專心且使盡氣力，最後忍不住發出喵嗚的哀嚎聲

學習外語或演奏樂器的祕訣是：先記住其中的某音節，然後再逐漸增加記憶的音節，才能愈來愈進步。這個方法也可運用在貓語上，不妨先從易懂的音節開始，隨著字彙的增加，想必日後就能與貓咪溝通無礙。

舉例來說，低沉的「嘔嗚」或「啊嗚」聲，多半是感覺痛苦不安時，甚至從聲音還可以分辨出症狀的緩急。發出這種聲音，多半是出現便祕或排尿方面的問題。

平時貓咪大便時，常可聽到他隨吐息發出「咕」的可愛聲音，表示他在上廁所時使盡了氣力。貓咪如廁的狀況也是健康管理的一環，當然只有日日生活在一起的主人才會清楚了解。由於貓咪如廁時需要專心意念，故不能名正言順的偷看，只能靜靜在暗處觀察留意。排便正常的情況下，還能發出嘆氣聲的貓咪都算是幸福，表示貓咪在如廁時無須擔心外敵，可以專心排泄。

貓咪是敏感纖細的動物，一旦在需專注排泄的地方受到外來干擾，之後就無法隨心排泄，嚴重時甚至會引發便祕或膀胱炎等疾病。因此，切記不要打擾上廁所中的貓咪。

貓咪持續忍受便祕的痛苦時，會發出低沉且哀傷的「啊嗚」聲，有些貓咪還會因用力過度而嘔吐。

「再加把勁！」

由於飼養在家，更應留意運動不足與飲食均衡的問題

貓咪的便祕問題其實尋常可見，且並無公貓或母貓的分別。有時可能引發嚴重疾病，絕不能輕忽。不曾有過便祕的人，恐怕無法了解那種痛苦。即使曾經飼養過貓咪、卻不曾與患有便祕的貓咪生活過的人，也難以理解貓咪的那種痛苦與主人的難受。

論及便祕的原因，又以環境因素居多。飲食過量與運動不足，皆會造成腸蠕動的緩慢，或是廁所骯髒也會讓貓咪養成憋尿忍便的習慣。尤其廁所骯髒所衍生的憋尿，最後更常併發膀胱炎，所以身為貓咪的主人，你應該保持貓便盆的清潔。至於運動不足的問題，最好的解決之道還是由主人帶領貓咪一起玩玩具。纖維質較少的飲食所導致的便祕，則可改餵含有蔬菜等纖維質的飲食，或偶爾吃乳製品、植物油等也會有所改善。可隨時觀察貓咪排泄的狀況，以調整餵食量。運動不足再加上飲食過量，常容易導致肥胖、便祕，所以主人應協助貓咪控制卡路里的攝取。

若貓咪蹲在便盆發出低沉的「啊嗚」聲，不妨暗中觀察是在小號還是大號，畢竟也只有主人才能如此貼身觀察到貓咪的健康。一旦有異，應即刻尋求獸醫的診治。

有些貓咪全身舔拭得乾乾淨淨，唯獨屁股省略跳過

剛出生不久的小貓，貓媽媽會以舌頭為他們舔理毛，由於非常舒服且能穩定身心，因此小貓也開始懂得為自己舔理毛。當然陰部的清理也非常重要，排泄後更會費心清潔舔理。

但是，排便後的臭味濃烈，即使埋砂掩蓋仍飄散出可怕的臭味。所以家中飼養貓咪的人，常會為貓便盆放置的位置傷透腦筋，因為貓咪的排泄物氣味實在可怕難聞。貓咪的排泄物會帶有獨特的氣味，是為了做記號

鞏固地盤。而且如果排出的是軟便，那氣味更是濃烈，有時即使噴灑除臭劑也久久難以散去。如此惡臭的糞便可想見含有繁多雜菌……然而貓咪舔拭肛門後卻也不見弄壞肚子，也未引來任何疾病。貓咪在如廁後舔拭陰部，為的是愛乾淨，並不是糞便讓他有不清潔的感覺，純粹是覺得必須好好清理一下屬於黏膜組織的肛門。

但畢竟還是排泄物，貓咪雖可忍受氣味，卻不像狗狗一樣會舔拭大便。也許是這個緣故吧，有些貓咪即使屁股沾上了大便也不理會，於是屁股面向這裡躺著時，還可以看見肛門周圍黏著像芝麻般的可疑物體……。

原本是愛好乾淨的貓咪，卻偶爾會被發現有個骯髒的屁股。不過也有可能是體型過於豐滿，貓咪實在難以舔到自己的屁股啊。

奇特的癖好

喜歡吸吮人手指的貓咪

焦糖色與黑色斑紋的公虎斑貓金太，從小就把人的手指當作奶嘴吸吮。原本以為只是小時候的癖好罷了，沒想到他到老都是如此。簡直像個愛撒嬌且長不大的孩子啊。

野澤醫生的答覆

那是因為貓咪企圖從吸奶與哺乳中獲得療癒。對人類來說「長大就必須斷奶」，可是在貓咪的世界並沒有這樣的需求。

喜歡隨著洗衣機震動的貓咪

家中的貓咪常不見貓影，四處尋找，才發現他坐在洗衣機上，而且是洗衣中的洗衣機。不知是那奇妙的震動讓他感覺很舒服嗎？始終露出安詳且滿足的神情。而且只要洗衣機停了，他必定跑來告訴我。這種情況還不僅一次或兩次，幾乎每回洗衣都必然上演。為何貓咪那麼喜歡震動的洗衣機呢？

野澤醫生的答覆

貓咪是偏好震動的生物。貓咪的翻滾就屬於震動的一種啊。根據研究顯示，震動可以提升貓咪體內的活性化。

爬到肩膀討飯飯的貓咪

家裡的貓咪每回討飯飯吃時，一定會跳到我的左肩。不過有時會跟他惡作劇，故意不弄飯卻抱住他。但貓咪為何會選擇跳上左肩，則不得而知了。莫非是當初跳上左肩時，正好在弄飯給他吃……？

野澤醫生的答覆

恐怕是貓咪自己的癖好吧，但也可能是真的有事相求。總之，他確信這樣的拜託方式必然能有求必應。

為貓倍麗貓食而端坐的貓咪

家裡的貓咪看到貓倍麗（MonPetit）的利樂包（湯品）時，會立刻端坐在飯碗前，直到我們將袋內的食物倒進飯碗為止。每回從超市回來，若袋內有利樂包，他也立刻知道。是因為記住利樂包的形狀呢？還是認得超市的塑膠袋？感覺非常不可思議啊。

野澤醫生的答覆

其實既不是味道也不是形狀的問題，而是你的臉上就寫著利樂包，他隨時都等著你打開它呢。

「下巴緊黏著臂枕！」

能與你膩在一起睡覺，對貓咪來說就是一種幸福

貓咪膩在身邊睡覺，對喜歡貓咪的人而言簡直是至福的時刻。而對貓咪來說，能有這麼一個可以貼著身體安心入眠的主人，當然也是幸福的事。喜歡與人睡在一起的貓咪（不過也有些貓咪不喜歡），只要你準備上床睡覺的時間一到，他立刻就趕了過來。雖然白天睡在他處，但入夜後就是與主人同床共枕的就寢時間。

貓咪喜歡與主人相依入睡，固然是一種愛的表現，不過最主要是因為他尤愛狹小且

溫暖的地方。同床共眠，既溫暖又充滿著主人的氣味，當然是貓咪最舒適且最能安心入睡的場所。況且，你的身體就是貓咪彈性適中且舒服的床鋪。

貓咪最喜歡睡在主人的側腹旁，再也沒有一處比那裡更柔軟、更窄小且更能服貼身體，而且還可以順便把你的手臂當作依靠下巴的枕頭。你可以如此近距離貼身的感受到貓咪的打呼，內心幸福得不得了，就算手臂逐漸感到千斤重，也要割捨給貓咪，不敢稍有動彈讓他半睜開眼露出憎惡的表情。雖說也有喜歡獨處睡覺的貓咪，不過我想貓咪最喜歡的還是睡在主人身邊。

人類的手臂，或許本來就是設計給貓咪放下巴用的。你瞧，完全服貼，高度也合適，貓咪用過後非常滿意。

「請進（……明明自己可以鑽進來啊）」

掀開棉被，讓貓咪鑽進被窩。不過有些貓咪對於棉被掀開的高度不中意時，還會拒絕進入呢。所以請務必掀開一個不會太寬也不會太窄的絕佳入口，歡迎貓咪光臨。

等著你掀開棉被邀請，貓咪才能驕傲的說：「是你拜託我才願意進來喔！」

白天，你忙東忙西，貓咪一副事不關己照常呼呼大睡；而且有時還躲得遠遠的，或是站在高處靜靜的看著。不過其實他總是偷瞄你，一旦發現你忙得告一段落、正準備坐下來休息時，隨即跳坐在你的大腿上。如此恰到好處的掌握時機，也許是貓咪天生的敏銳直覺使然吧。

另一個需要掌握時機的還有「冬天鑽進主人被窩」的這件事。對貓咪來說，那已是冬天的例行行事。在溫暖的被窩裡，貼著你的身體，也無須擔心你會離開他，況且溫暖的被窩中有最喜歡的人的氣味，簡直就是貓咪最舒服且最療癒的天堂。貓咪喜歡狹小空間卻不喜歡受壓迫限制，棉被或毛巾等物對他來說服貼又不壓迫，觸感也非常舒服。

當然，寒冷的冬夜怎能錯過鑽進被窩的機會，可是不要以為貓咪會自動鑽進來，他一定要等你掀開被窩邀請他。明明自己可以鑽進來，卻非得你掀開被窩說：「請進……」後，他才蠻不在乎似的鑽到你胸前或腋下處。也有些貓咪會故意端坐在枕邊，算準主人看到他必然會掀開棉被讓他進去。

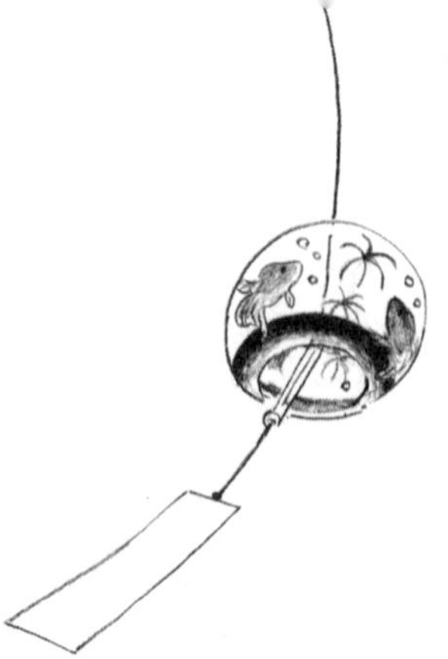

「原來你知道風從哪裡來」

貓咪在滿身大汗的主人身旁，占去最通風涼爽的好位置

貓咪的鬍鬚也稱為觸毛，可以感知空氣微妙的振動或變化，最厲害的是可以找出夏天時最涼爽的位置、以及冬天時最溫暖的位置。尤其是炎熱的夏天，貓咪總是睡在家中最通風涼爽的地方，讓人忍不住讚嘆他是怎麼找到這樣的絕妙處。

為何貓咪有找尋舒適地的能力，其實要歸功於過去野外求生的本能，能從四季變化中敏銳感知適應氣候的溫差。由於貓咪的祖先生活在早晚溫差大的沙漠，必須盡快感知氣溫的變化以適應環境，並尋找到最涼爽或最溫暖的場所，進而磨練出敏銳的感知力。

貓咪也承襲了祖先的天分，儘管遠離沙漠，但夏天的悶熱或冬天的寒冷對貓咪來說依舊不是舒適的氣候，且一年到頭穿著毛皮，也無法像人穿的衣服可穿可脫，當然要盡可能在有限的環境中找到較舒服的場所。為此，貓咪的鬍鬚不斷敏感運作，以便隨時找到涼風徐徐或溫暖舒適的地方。

當你還苦惱於「太熱」或「太冷」時，你的貓咪早已占據第一等級或第二等級舒服的位置。

以為「這個小傢伙怎麼會待在這麼熱的地方？」原來那個位置才是最舒服的，因為他可是天生的偵測雷達啊。

「你乾脆就專心睡覺吧，孩子」

玩到不知該上床睡覺，或是坐著坐著竟打起瞌睡

比起成貓，小貓需要更多的睡眠時間，至多一天可以睡十八個小時以上。由於小貓醒著時總是活潑的動來動去，運動量總計下來可說相當耗體力。小貓的大腦直到出生後的第十二週才發育完全，因此這段期間內更應該讓他盡情在玩耍中體驗種種事物。

小貓的玩耍都是基於本能，其中最主要的玩耍是狩獵與互鬥。狩獵的遊戲，通常是以前腳滾動球、再追著球跑，或追著自己的尾巴團團轉。小貓熱衷且偏好逗貓棒，也因

明明還玩著，竟不知不覺睡著了……。過度的好奇心，還有成長必要的睡眠，常逼得小貓陷於難以兩全的局面，而這正是小貓的可愛之處。

那像似狩獵的遊戲，可從中學習以前腳抓住獵物。過去，貓媽媽會將捕獲的老鼠等獵物先給小貓玩弄，讓他們從遊戲中學習狩獵技巧。還有，若家中有兩隻以上的小貓，此時期也喜歡玩互鬥的遊戲；但家中僅有一隻小貓時，主人則可充當互鬥的對手，不過小貓的貓拳或迴旋踢也是蠻痛的，請務必忍耐。

出生後至二、三個月期間，是最沉迷於玩耍的時期。有時玩瘋了突然睡意來襲，還會玩著玩著打起瞌睡，甚至捨不得躺下來睡覺，硬是坐起上半身睡著，待驚醒後又立刻繼續大玩特玩。此時期的小貓，總是讓主人愈看愈有趣、愈看愈可愛。

「就像地藏王菩薩啊」

年歲已高的貓咪，其實已做好身後事的準備。他們遇事不驚慌、也不激動，就像地藏王菩薩般的守護著主人。

老貓已來到頓悟不動如山的境界，因為什麼都看透了啊

高齡貓咪需要更費心照顧，而首要之務就是確實補充營養。畢竟，能吃就是健康的最好證明。愈是高齡愈必須攝取優質的肉或魚等蛋白質，並補充搭配維生素或礦物質。提到優質蛋白質，建議可餵食貓咪少許含有豐富維生素A、E的鰻魚，但不能醬烤，而是單烤，其中的維生素E可以幫助提升免疫力，主人也能一同享用。

儘管高齡，卻也不一定與生病畫上等號，也許有時只是想靜靜的而已。總之，老貓遇事總不慌不忙，始終安靜休養著。或許已經看破紅塵，即使周遭氛圍緊張，他仍舊不為所動。看到老貓端坐得猶如寶盒的睡姿，更覺得他們已來到涅槃境界，像極了令人心安的地藏王菩薩。

老貓適合沒有壓力的生活，因此家中要確保他們獨立私有的空間，營造出可以讓他們好好吃飯、安靜休息的環境。雖然愈老的貓咪愈像是家中的擺設，不過最在意關心家中每一分子的，還是這個如同地藏王菩薩的老貓啊。

貓咪的睡覺大事

拖來毛毯一起共眠的貓咪

我家的貓咪有他自己喜歡的毛毯和墊子，想睡時他就拖著毛毯到墊子上一起睡覺。感覺起來，怎麼像是那種非得自己的枕頭才能睡著的怪人？

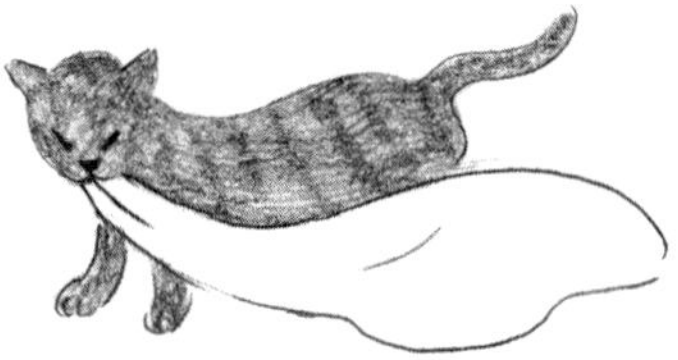

野澤醫生的答覆

有自己偏好的人、物，其實是很幸福的事啊。而且還懂得什麼才是自己最舒服的入睡方式，真是懂得享受幸福的貓咪啊。

打呼的貓咪？

我家的貓咪不知是打呼、還是怎麼了，會隨呼吸發出「咕呼呼」的微小聲音。而且僅有睡覺時，醒來後的呼吸仍是安靜無聲的。對了，他是剛做完結紮手術的女生，明年即邁入九歲，是隻重達六公斤的小肥貓。有時看著他，忍不住覺得好笑，難道是太胖的緣故嗎？

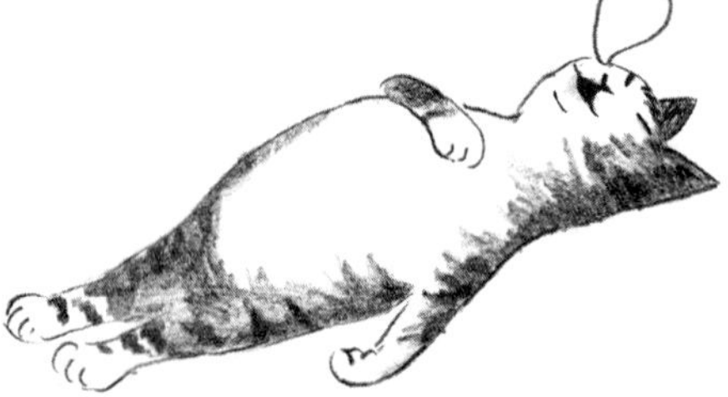

野澤醫生的答覆

打呼，是由於咽喉部的肌肉鬆弛、狹窄所造成。小貓或一般體型的貓咪在睡覺時仍可能發出較大的呼吸聲，若再胖些，當然可能變成打呼聲。

要求遞出臂枕的貓咪

貓咪願意進到主人的被窩，對主人來說是多麼榮幸的事啊。不過願意待在被窩裡的哪個位置，每隻貓咪則各有堅持。有些貓咪喜歡在主人的大腿中間，也有些貓咪想表達些什麼時，會跑到主人的胸口上……。朋友家的貓咪非常乖，即使是陌生人的被窩也願意鑽進去，而且老是要別人拿出手臂當枕頭。每次他想睡覺時就會看著那個人的手臂，要對方趕快交出臂枕，待伸出手臂請他使用，他又會與人躺成同樣的睡姿。這樣睡覺，貓咪真的舒服嗎？

野澤醫生的答覆

貓咪欲求不滿的結果是：容易累積壓力。所以貓咪是不可能勉強自己的！就任由貓咪選擇他喜歡的睡姿吧。

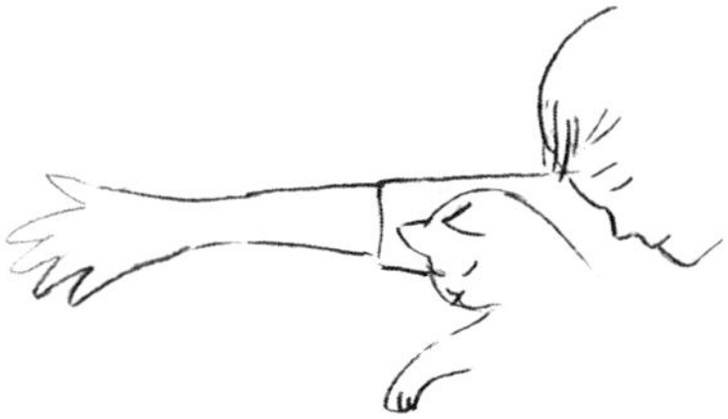

先不管貓咪了，主人的睡眠也很重要啊

以前飼養的貓咪竟在我睡覺時，在我的肚子上生下四隻小貓。因擔心壓到他們，遂把小貓移到鋪有毛巾的紙箱裡。沒想到每晚母貓還是叼著小貓回到我的肚子上，害得我有陣子實在難以入眠。為什麼他會選在那樣不安穩的肚子上呢……？

野澤醫生的答覆

為了哺育母乳，母貓自然會選擇他認為最適合且安全的場所。既然他認為肚子是最安全的地方，就大方借給貓咪用吧。

忘情奔跑時肉球煞車器完全發揮不了作用，不過滑倒打滾又是另一種樂趣啊

貓咪在木頭地板上忘情追逐玩具嬉戲時，常發生滑壘封殺的慘劇。在陡坡或高速行進中突然需要停止時，貓咪的確容易滑倒，不過貓咪優越的反射神經能使後腳進行高速迴轉，有時還是能避過危機。但是，玩得興奮過頭的小貓則難以發揮此天性，常因猛然追逐玩具而撞壁，或是徹底煞車失靈而滿地打滾，搞到最後簡直分不清哪個才是玩具。無須擔心滑倒，可以忘情玩耍的是鋪有地毯或榻榻米的地板，不過仍得考量到地毯的清

「對不起，我們家是木頭地板」

一邊控制肉球踩煞車，還要瞬間捕捉逗貓棒的晃動！但在爪尖難以發揮功效的木頭地板上，貓咪偶爾還是會煞車失靈。

理或貓爪會抓爛榻榻米等問題，可說是各有利弊而無法兩全。對主人、對貓咪來說，或許軟木材質地板是個較好的選擇；其實木頭地板中，也有不易打滑的材質。不過縱使選用了高級材質的地板，也必須覺悟終有一天還是會留下貓咪的爪痕。

貓咪最愛捉弄玩具、或隨著玩具奔跑翻滾，畢竟追逐動個不停的東西可喚醒狩獵的快感。特別是追逐的獵物會發出聲音時，更是引爆刺激，貓咪會忘情的到處追逐奔跑，甚至跳躍到意想不到的地方。因此家具後方或櫥櫃上最好不要放置容易撞壞的物品，當然也不要放置會致使貓咪受傷的東西。

「難道不合您的意嗎？」

千挑萬選的玩具，卻換來貓咪一臉冷漠時，的確令人百感交集。好懷念那個老是把玩具玩得破破爛爛的年幼時代啊……。

隨著貓咪的成長，遊戲的方式也要注入巧思

貓咪玩弄玩具，原本是基於鍛鍊狩獵能力的目的，玩具不過是獵物的替代品。

出生後三個月左右的小貓咪看到會動的東西，都能興起他的玩心，無論是繩子也好、球也好，什麼都可以變成他的玩具。不過一歲過後，貓咪開始懂得挑選自己喜歡的玩具。

就算是最新的玩具，若不合他的意，稍微摸摸即丟棄一旁。舉凡無法刺激狩獵本能的玩具，貓咪一概懶得理會，畢竟隨著成長，貓咪狩獵的技術也大躍進，玩具也需要深具真實的臨場感。

不過，即使是貓咪玩膩的玩具，只要主人稍具巧思擺弄，還是能喚起貓咪遊戲的興致。例如像是老鼠般大幅且快速的移動、像是蟲般靜默偷偷的移動、像是蚱蜢似的跳躍……如同釣魚的假釣餌先引誘貓咪上鉤後，最後還是會愈玩愈起勁。又如逗貓棒，巧妙的猶如毛毛蟲緩慢蠕動或畫圈轉動，都還是能引起貓咪的興趣。當然，市面上還有許多有趣好玩的玩具，只要加入巧思，貓咪必然能玩得更加開心。

「是不是小時候太過動了？」

無法刺激狩獵本能的玩具，有時等於貓咪眼中的淘汰品

貓咪小時候經常獨自玩著玩具，基於狩獵的本能，專心一致與玩具一同嬉戲，可以自然而然學習到狩獵時所需的肢體協調。本來貓媽媽捕獲獵物後，會先讓小貓們玩弄獵物一番，藉此實際學習獵殺直到食用的方法。因此，玩弄的目的本來是為了訓練狩獵，至於嬉戲玩耍並不是貓咪的本業。

隨著成長，卻見貓咪不再愛玩玩具了。小時候那麼相親相愛的玩具，如今竟連看都不看，就連前陣子玩得十分興奮的玩具，現在黑暗中奔跑、出征狩獵……在遊戲中彷彿喚醒那樣的野生本能，貓咪顯得興奮不已。所以，你的愛貓需要什麼樣的遊戲刺激呢？

在也顯得意興闌珊。雖然小孩都是這樣，不過卻也讓主人不免有些落寞。

貓咪長大後不再熱衷玩具，或許是已自信擁有狩獵技術，漸漸感覺自己不再有遊戲（訓練）的需要。但也或許是貓咪察覺到「生活在這室內，根本沒有狩獵的必要嘛喵」……。

儘管如此，身為狩獵動物的貓咪仍未喪失既有本能，只要能刺激本能的遊戲，即便再老的貓咪還是有所反應。為了解除貓咪運動不足或壓力的問題，也為增加貓咪與你的親密感，有時還是得認真陪貓咪玩玩啊。

「不認輸的你，
真的好可愛喔！」

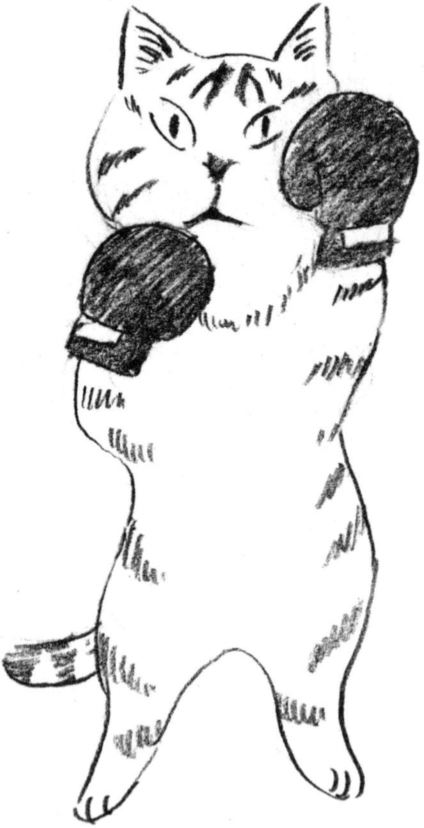

與主人的打鬧遊戲，貓咪可是使盡全力只為奮力一戰，絕不輕言認輸。所以，主人也要認真以對啊。

經常玩過了頭而發生流血慘劇!?
別忘了貓咪終究還是小型野獸啊

貓咪在玩耍時也是非常認真的，與人類不一樣，貓咪的所有行為都是專心一致。即使是醜態百出的午睡，也是為了真正狩獵時可以做出瞬間反應而認真休息。就連與主人的打鬧遊戲，貓咪也是全心全意的玩。貓咪常常在嬉戲逗弄時，愈來愈興奮而咬傷或抓傷主人，因而時常演變為流血事件。

當然也因為是你，貓咪才願意使足全力一起玩耍，不論是正踢或貓勾拳都一如往常盡量避免露出尖爪，其實他絲毫沒有想要傷害你的意思，流血真的是意外啊。想想貓咪不認輸的個性，也許是發現「人類這個傢伙竟卯足勁來真的！」忍不住也使力過了頭，而這正是貓咪的可愛之處。

除了繁殖期外，貓咪其實都不願逞兇鬥狠，即使面對侵入領域者也僅是嚇嚇對方而已。因此，他非常熱衷於與你的嬉鬧玩耍，既想要讓你看到他的厲害，也樂在這種挑戰極限的遊戲中。

總而言之，貓咪終究還是小野獸啊。即使遊戲嬉鬧，也是為了證明他足以征服你。

「哎呀，你又覺得丟臉了嗎？」

「啊～我再也受不了」時，可以瞬間拯救自己的魔法是……

蜥蜴的額頭有著稱為光感受細胞群的器官，猶如是可以探測太陽位置的指南針，因而也有第三隻眼之稱。又如心眼，比喻的是人類的第三隻眼。由此推論，「第三隻眼」還帶有「多出的」含意。貓咪也具有這種「多出的」行為，稱為「轉移行為」。

轉移行為，指的是為掩飾自己的不安或動搖不定的情緒，刻意做出的非本意動作。舉例來說，像是掩飾狩獵失敗時的丟臉、或想從打架的攻擊或逃避等糾葛中解脫時，就

又讓鳥逃走了、又讓老鼠給耍了……啊，好想拋開這種丟臉的感覺喔！那就開始舔理毛，假裝啥事都沒發生吧。

會突然開始舔理毛以隱藏自己真正的情緒。常聽到主人會這樣叨念貓咪：「又開始舔毛，又再假裝沒事！」因為每回貓咪做錯事被罵或無法接到主人丟來的玩具時，就會忍不住開始舔側腹。

但身為貓咪的主人，絕不可說貓咪的壞話啊，更不可看不起他！即使貓咪聽不懂人話，他還是可以敏銳的感知周遭的氛圍。與其說是貓咪的自尊心強，倒不如說他明白「自己非常脆弱」。所以一旦受到主人責罵即瞬間進入轉移行為，那也是讓自己得以從難堪局面中解脫、救贖的「魔法」。舔毛之後，他就像什麼都沒發生似的開始呼呼大睡。

貓咪的個性

撒嬌過了頭的貓咪

名叫小惡魔的母黑貓就是因為太過於愛撒嬌，惹得主人一家不耐煩而不願理他。也許是這個緣故，只要稍微摸他，他就躺在地上滾個不停。即使是剪爪子時間也會滾啊滾的……難道他真的那麼渴望被人摸摸嗎？

野澤醫生的答覆

撒嬌可是貓咪的特權啊。不過打滾並不一定是撒嬌，有時可能是為了緩和緊張的情緒。

討飯飯吃時簡直像人一樣的貓咪

家裡的貓咪肚子餓時，會用前腳壓住飯碗的一側，然後拿起飯碗，從碗底偷窺主人，動作流暢，而且這行為不只一次，是反覆做個不停。除此之外，有時也會出現像人的舉動。難道，貓咪也會模仿人類嗎？

野澤醫生的答覆

想必是肚子餓得連貓叫都不足以表達了。貓咪並不會模仿人類，不過會以行動表達意見。

任人擺布也無所謂的貓咪

家裡的貓咪生了四隻小貓，其中一隻是體型最大、也最隨和的公貓。那隻貓自幼就任由別人擺布，從不曾見到他威嚇別人的模樣，連揮貓拳也未有過。人家抱他，他就任由別人抱抱，怎麼捉弄都毫無抵抗。有時流出鼻水也不在意，甚至不勤於舔理毛。像這樣個性的貓咪，是不是不該任由他在外生活？

野澤醫生的答覆

基本上，本來就不應該任由他在外生活，既然是家貓，就該好好照顧。通常不夠敏捷的貓，都不應該任由他在外生活。

怕孤單寂寞的貓咪

從住家到車站約有十五分鐘的路程，但每回出門時家中的貓咪就會跟在後頭。車站旁有個空地，回家時只要對著那片空地叫：「喵」或喊他的名字，他就會立刻跑出來……看樣子，他似乎常在那裡待上半天，而且同樣的場景發生好幾回，心想他是不是不知道回家的路……但似乎又不是那樣。想必他是在那裡等我們回去，但是，日復一日等了半天之久，難道不累嗎？

野澤醫生的答覆

會跟著主人一起走的貓，的確很可愛，不過街上來往的車輛等都是貓咪身處在外的隱憂，有些貓甚至因而再也回不來了。

虎斑貓「Mads」

這些花色是如何衍生的……

貓咪花色的七大不可思議

虎斑紋是貓咪最原始的花色

養貓的人外出看到野貓，或看到電視上、貓食罐頭上的貓咪時，常忍不住讚嘆：「跟我家的貓咪（毛色與花色）好像喔！」不過仔細觀察，每隻貓咪的花色其實都不一樣，也因為獨一無二，才更讓人倍加鍾愛自己的貓咪。貓咪的花色大抵分為虎斑紋、三花、白、黑、玳瑁、斑點，有時親子的花色長得大不相同，也有的非常近似。但是，貓咪的花色究竟是如何衍生的呢？

躺在停車場睡覺的雉虎白貓

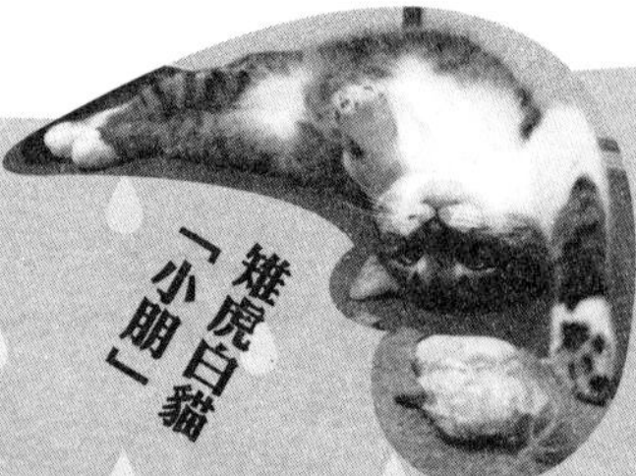

雉虎白貓「小朋」

鯖虎白貓「小花」

白茶虎貓「貓貓」

日本的貓咪源於野生的山貓，但若要追溯其祖先，則是棲息於中近東等地的非洲野貓，花色即是黑與褐色的斑紋，也就是日語稱為「雉虎（注：像是雉雞的斑紋）」的花色。隨著時間，再加上為適應人類的生活環境或與人類生活在一起，原本山貓的斑紋花色基因遂起了突變，由此又衍生出嶄新的毛色或花紋，例如細密混雜著黑色與褐色的玳瑁（注：日語稱為「鐵鏽」），或是大塊大塊混雜著三種不同花色的三花等。擁有這些花色的貓咪之遺傳基因再交錯混合後，漸漸演變形成如今所見的各式各樣花色的貓咪。

從繪畫或文獻可知平安時代的日本，除了「雉虎」貓之外，還有黑色、或這些花色搭配上白色的貓咪。來到江戶時代，橘色斑紋（注：日語稱為「茶虎」貓）或渾身雪白等亮色系花色的貓咪相較變多，可能是部分地區開放與外國貿易，歐洲或亞洲貓咪的遺傳基因混入的結果。鎖國時代結束後，像暹羅貓等耳、鼻、腳尖部分毛色截然不同、看來極具特色的貓咪也遠渡重洋來到日本，從此貓咪的花色也更具多樣化。

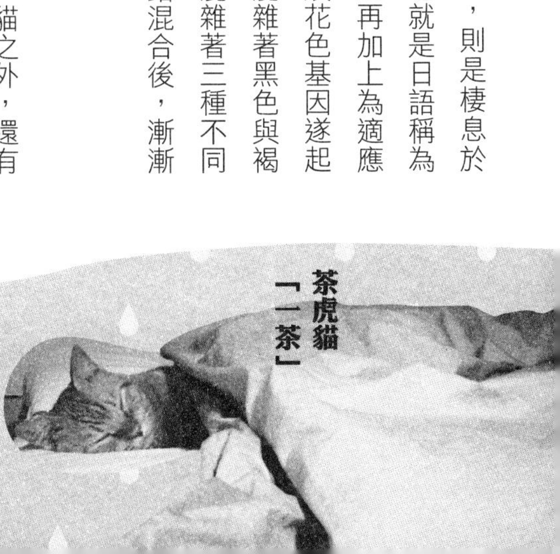
茶虎貓「一茶」

已是奶奶貓的「Cookie」

三花貓「小咪」

基因的組合變化 創造出各種不同的花色

在日本最常見的就是虎斑紋的貓咪。這些斑紋大致可分為三種，一是第125頁所提到的「雉虎」貓，也就是貓咪最初的花色，因為與雉雞的花色相仿，故得此名。此種基因加上銀灰毛色的基因，就變成銀灰色底毛搭配上黑色條紋的「鯖虎（注：像是鯖魚的花色）」貓。而後再混入橘色毛的基因，就變成明亮橘色底毛搭配上較深橘色條紋的「茶虎」貓。

而「鯖虎」貓，在日本是歷史最不悠久的貓咪，有可能是戰後來自國外的洋貓與日本貓所交配產生的，與「雉虎」貓或「茶虎」貓相較起來，日本的「鯖虎」貓數量也較為稀少。

在日本，隨著條紋或花色分布的不同也衍生出不同的貓咪名稱，

黑白斑點的胖胖貓「小玉」

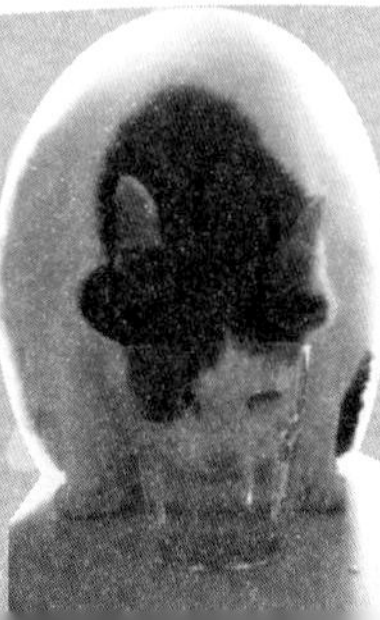

不知道名字的玳瑁貓咪們

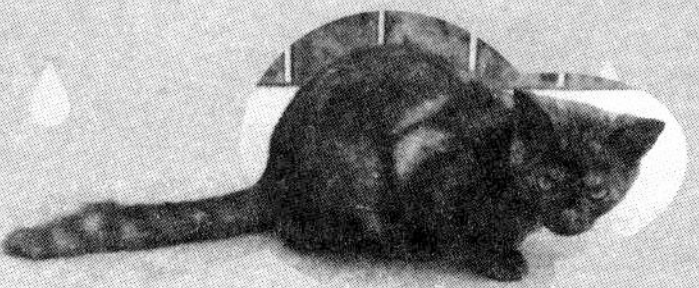

例如只有背部或頭部呈現條紋、腹部全白的貓咪，會依其斑紋花色與比例稱呼為「雉白」貓、「鯖白」貓、「白茶虎」貓等。也就是說，白色毛比例較多時則稱為「白〇〇」，白色較少時稱「〇〇白」。

不過在學術上，貓咪的虎條紋稱為「Mackerel tabby」——「mackerel」是鯖魚，「tabby」是條紋，也意指貓咪身上的條紋仿似鯖魚的花紋。一般人常會將「Mackerel tabby」與日本的「鯖虎」貓混為一談，但其實在學術上「鯖虎」貓（注：銀灰色底毛搭配上黑色條紋）是「Sliver mackerel tabby」，而「雉虎」貓是「Brown(Black) mackerel tabby」、「茶虎」貓是「Red mackerel tabby」。

只有吃飯時間才會現身的黑白斑點貓

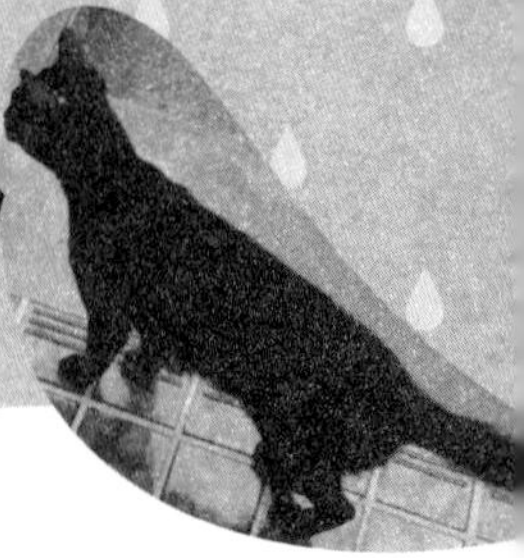

前頁的
黑白斑點貓咪的
黑貓朋友

即使是親子，花色也可能截然不同，這是非常普遍的現象

在外散步時，有時可從貓咪的花色外觀判別出誰與誰是親子、誰與誰是兄弟姊妹。不過，父母親的毛色是三花與黑色，生出的小孩卻是橘色條紋也是常有的事。在貓咪的世界，親子不必然相似，因為遺傳基因中又區分為「良性基因」與「劣性基因」，比起劣性基因，良性基因較常出現在隔代；因此在貓爸爸與貓媽媽的基因組合過程中，發現了過去好幾世代傳承下來的劣性基因，為了剔除劣性基因、留下良性基因，有時就會生出與父母親完全不同花色的小貓。就連人類的世界也是如此啊，例如有些人常被說：「你怎麼長得跟你祖母年輕時一模一樣啊！」。

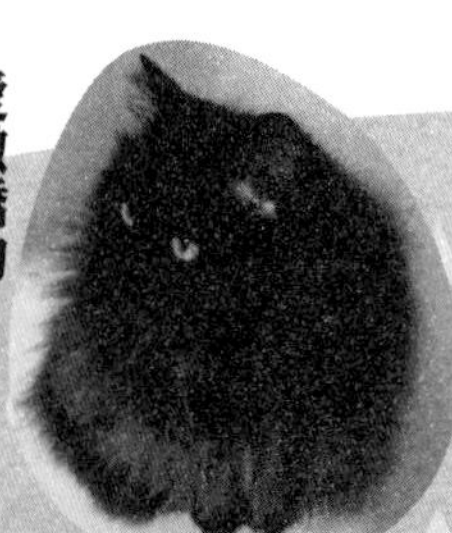

愛撒嬌的
長毛貓咪
「小惡魔」

蕎麥麵店的看板貓

毛有點髒的新潟在地白貓，沒有名字

單色貓咪是因為條紋毛色的基因受到抑制的結果

貓咪的祖先是條紋花色，也因而組合衍生出各種不同條紋花色的貓咪，不過還是有灰色、黑色或白色等單色系的貓咪。多數的貓咪都擁有可以形成一條條條紋（深色系與淡色系交互而形成條紋狀）的基因，但有時抑制條紋的基因混入其中，就可能生出單色系的貓咪。

舉例來說，「雉虎」貓的基因中加入了製造黑色毛卻抑制條紋的基因時，就會生出黑貓。

此外，白貓所擁有的白毛基因，通常會強過其它毛色或花紋的基因，因此遺傳到此基因的小貓也必然是全白（不過有時即使父母親是白貓，生出的小貓仍可能無法遺傳到白毛的基因）。也正因為遺傳基因的組合，才得以誕生出單色毛的貓咪。

黑貓「權三郎」

俄羅斯藍貓「尼尼」的幼年萌照

三花幾乎都是女生，而玳瑁也是女生居多

另外，經常可看到諸如黑・白雙色、黑・橘・白色的三花、黑與橘的玳瑁這種屬於兩色或三色毛色混合搭配的貓咪。這些花色的貓咪都是因為帶有黑色毛基因，再混入某種基因後而衍生出身上的花色。例如，黑色毛基因搭配上區塊狀的白色毛基因，就變成黑色毛與白色毛混合的貓咪。橘色毛基因與橘色以外的毛色基因組合搭配後，就變成玳瑁。玳瑁再混合搭配上區塊狀的白色毛基因，又變成三花。

而形成玳瑁與三花的基因，卻又與決定性別的染色體有關，一般說來只有母貓才會擁有這樣的遺傳基因。也因為如此，三花與玳瑁幾乎都女生。至於「茶虎」貓（注：橘色條紋貓咪），也因基因的緣故多半是男生。

俄羅斯藍貓「阿銀」

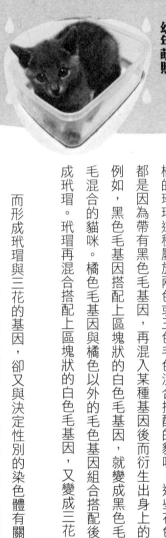

國外的混血貓咪多半是漩渦狀的條紋花色

日本的虎斑紋貓，幾乎多是直線的條紋，很少見到像美國混血短毛貓那樣帶有漩渦狀的粗條紋花紋。在歐美，混血貓咪的條紋多半屬於「Classic tabby」，而且在毛色上，日本與歐美的貓咪也不盡相同。

在日本，「雉虎」貓多半是褐色系、「茶虎」貓多半偏深橘色系；但在歐美，虎斑紋貓則以銀灰色系、輕柔的奶油色系居多。會有如此結果，可能是因為歐美的貓咪大多帶有銀灰色毛基因或淡色毛基因的緣故。

據說在歐美，日本的貓咪非常受歡迎，不過在日本卻正好相反，帶有歐美純種血統的貓咪常成為搶手的寵兒。

蘇格蘭摺耳貓（橘色）「阿抖」

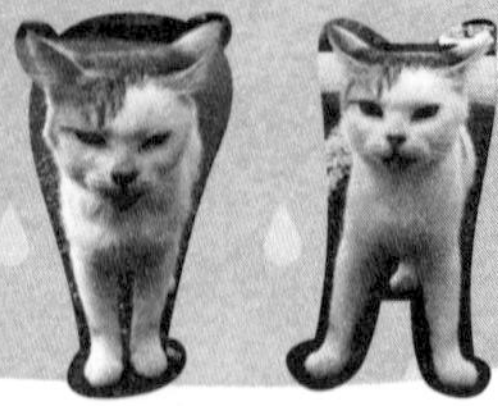

有著像是西裝頭的「小影」，雖然體型嬌小，但已經是媽媽了

無論任何花色，可愛度依然不減，這就是貓咪不可思議的魅力啊

貓咪的花色大致可區分如上述的幾種類型，不過每隻貓都是獨一無二的，例如有頭頂花色像西裝頭的髮型、屁股的花色看似心型、簡直像乳牛般的黑白花色、只有腳尖白色像是戴著手套或穿著足袋。有時還會看到令人不由心生同情……怎麼會長成這種花色的貓咪。

但不可思議的是，無論什麼花色，舉凡是貓咪都很可愛，感覺像是染上了無可救藥的愛貓症。尤其是日本，自古以來的傳統文化即特別鍾愛花紋圖案。也因此，即使貓咪的花色是「拙劣的、好笑的」，也能搖身一變成為強烈的特質而讓人愛不釋手，因為貓咪就是那麼不可思議的生物啊。

「小影」的背影

CHAPTER 3

需要包容的擾人行為

「你知道你已經惹火我了吧？」

一旦擺出那氣勢，任誰也制止不了的就是貓咪的磨爪。但在你正準備大怒之際，他卻得以立刻逃跑、全身而退。因為他可是隨時注意著你的情緒啊。

膽戰心驚留意你是否投來憤怒的眼神，以便隨時一溜煙逃走

受不了、受不了、再也受不了了！進入磨爪模式的貓咪是渾然忘我的，一心一意只想趕緊舒壓。只要選定目標，即使是客廳的壁紙或和室的柱子，貓咪便抓得無法停止。

知道你看見後鐵定生氣，卻還是忍不住豎起爪子磨了起來。一邊磨還一邊睜大眼偷看你，準備苗頭不對時立刻逃跑。就在你生氣大叫「不可以！」的瞬間，他已不見蹤影。

到處磨爪，堪稱是貓咪擾人行為排行榜的第一名。明明主人準備了專用的磨爪板，貓咪卻還是到處抓。不過，其實磨爪也算是鞏固地盤的行為，有時是貓咪為消解煩躁或不安的無意識轉移行為（參照第120頁），需要主人容忍以待。

貓咪絕非刻意惹你生氣，他只是無法分辨所做的是對是錯。通常那些忍不住反覆去做的事，都是基於本能。畢竟瘋狂亂抓一陣，才能徹底發洩情緒。所以儘管知道會引發主人的尖叫，他還是忍不住去做了。至於「擾人」與否，攸關的其實是人類的感受問題，就貓咪的立場看來，貓咪本該擁有發洩情緒的權利啊。

既然訓練貓咪是不可能的，那何不試試「被貓咪訓練」

提到訓練，想要訓練貓咪該怎麼做的心態，基本上就是大錯特錯。貓咪從未想過尊敬或服從主人等事，他們根本不想理會你的指示或命令。與主人保持主從關係且必須訓練的狗狗相較起來，貓咪的訓練是毫無意義的，因為貓咪就是貓咪。

雖然訓練貓咪是不可能的事，但還是存在著貓咪流派的訓練方式。那就是不要站在人的立場命令貓咪，而是站在貓咪的立場思考一切，學習理解貓咪的行為或習性，並順

「其實我一點也不想生氣」

應予以配合。舉例來說，貓咪既有如廁後掩蓋排泄物的習性，那麼就幫貓咪準備好乾淨的貓砂吧。有時貓咪發現便盆髒了卻未更換，會移至他處排泄，所以務必隨時更換貓砂，保持便盆的乾淨。

此外，若貓咪會在家具上磨爪，則可在家具上裝置防護措施，避免遭致毀損。如果貓咪將獵物帶入屋裡，就貓咪的立場是對主人善意的表現，所以貓咪無法理解主人為何要斥責或尖叫，因此身為主人必須學習接納貓咪送來的獵物。總之關於貓咪的訓練，應該是人類順從貓咪的習性與行為，進而「被訓練」才是。

貓咪是順從本能行動的動物。對貓咪的本性生氣，也失去與貓咪生活在一起的意義。只要順應著貓咪的本性，凡事都能一笑泯之啊。

「你為什麼硬要躺在這裡？」

我就是想要征服那個讓你失魂喪志的電腦鍵盤

貓咪一心想要成為地盤裡的領導征服者。貓咪欲征服的不僅是主人的大腿或床，當你讀著報紙或書籍等刊物時，他也悄悄潛入其中。

許多人以為貓咪占據主人攤開欲看的報紙，是為了吸引注意、期待主人的關注。其實不然，貓咪壓根不想要你關注（打擾）他，因為他正享受報紙被他壓在屁股底下的征服快感。

主人愈是沉迷電腦，貓咪愈是喜歡占據鍵盤。因為這樣可以間接滿足他企圖征服主人的欲望。

近來，征服電腦鍵盤的貓咪也愈來愈多。比起柔軟的毛巾或毛毯等，貓咪似乎更喜歡的是那不平整也不穩固的鍵盤。因為他看到你像是被迷住似盯著電腦螢幕，於是興起他不得不征服那個讓你坐在螢幕前不停敲打的東西。你愈是離不開你的電腦，就愈激發他想要征服鍵盤的欲望。「好嘛好嘛，那我不用就是了」這個方法固然有效，但似乎也失去了與貓咪生活在一起的樂趣。

當然再買個鍵盤給貓咪也是不行的，既然你的鍵盤對你是那麼重要，若不睡在上面，怎能成為這個地盤的真正征服者呢。

也許貓咪以為你是為了他而特意溫熱了椅子

在寒冷的季節、工作中的空檔，當你起身上廁所或泡茶後再回到座位時，沒想到椅子竟已被貓咪占領了。這是日日上演的常事。你以為不過是一眨眼的工夫，貓咪卻像從千古遠久前就坐在那張椅子上般的自然沉靜。

貓咪經常在等候征服的良機，特別是寒冷的日子，他一定要霸占家中最溫暖且舒服的位置。既然你從椅子起身，就等同「讓位」，貓咪確認那個位子還留有溫熱的體溫後，立刻毫不遲疑盤坐占據。

「和你玩大風吹遊戲，我大概贏不了吧」

等你回來，儘管抱怨連連還作勢要趕走他，他就是不肯歸回椅子。你說：「我還要工作，快讓開啦！」他則斜眼看著你，彷彿在說：「憑什麼？」有些平常不怎麼叫的貓咪，此時會突然叫個不停，像在咒罵：「我要抗議你這個不近人情的主人！」。

最後，你為避免打擾到盤據在椅子正中央的貓咪，屁股不得不委屈縮在椅子前端僅十公分左右的空間裡，而且還得繼續工作。因為整個家都是貓咪的地盤啊，是貓咪大方讓你住進來的，記住啊，貓咪的地位永遠高於你。關於冬天的大風吹遊戲，不論是哪戶養貓的人家，都是貓咪全勝啊。

那還溫熱的椅子，只要主人一離開，馬上就歸貓咪所有。究竟該去上廁所、還是顧好椅子，是冬天經常上演的兩難戲碼。

「大清早就被弄得心驚膽跳」

我的肚子難道是你的踏板？因為貓咪可以自由使用地盤內的任何東西

也許是早晨、也許是半夜，貓咪就那樣突然降落在熟睡的主人肚子上或胸前，相信有過經驗的人皆了解那種突然被壓醒的恐怖感覺。管你嚇得尖叫或痛得哀叫，貓咪可是理都不理，因為對貓咪來說，他究竟能否在你那不穩固的身體上安穩著陸，才是最重要的事。但是，為何不選在地板卻偏偏是你的身體呢？因為你是最方便的踏板啊。

就在這樣的臨空而降成為家常便飯後，你似乎也摸清貓咪何時會跳到你身上，開始懂得觀察櫥櫃或架台上的奇妙氛圍。你以為這樣總比突然被嚇到好些吧，沒想到等待何時會來個不期之遇才是最恐怖的，心裡一邊想著他就要跳了吧，還得不時提防自己不要被嚇著。尤其是早晨尚未清醒時更是驚悚，實在不利於心臟健康啊……。

對貓咪來說，家中既然是他的地盤，當然可以想做什麼就做什麼。況且，年輕的貓咪更是喜歡跳躍或跳上跳下的運動。只是他選擇降落的場所剛好是深具柔軟彈性的你罷了，而你又不巧正好在睡覺。但既是同居生活的夥伴，也或許貓咪這麼做，是故意讓你「體感」他的跳躍能力或勇猛度吧。

貓咪選定降落的竟是主人的肩膀或肚子，若主人早有心理準備倒還好，最怕的是睡覺時來襲，簡直毫無防備。

「無言抗議靜坐中」

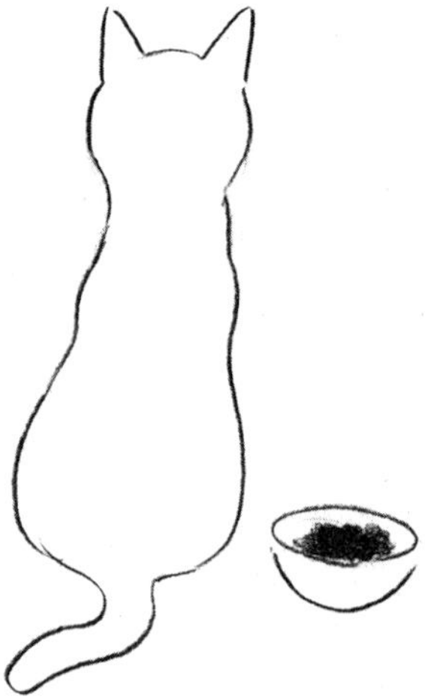

「我想吃的，不是這個飯飯！」不容分說的從背影傳達出他想說的。主人們，請務必盡可能滿足貓咪的想望啊。

說明他的確生活得很幸福啊。

請體諒、同理以後背訴苦的貓咪，那絕不是單純的鬧彆扭而已

貓咪的無言抗議，實在極為高明。雖說無言，但可以如此自由表達意見的貓咪，也說明他的確生活得很幸福啊。

每回他靜坐在飯碗前，你就明白這場抗議活動是為了什麼，那就是「還不拿出更好吃的飯飯來！」如果僅是單純的想吃飯飯，貓咪喵喵叫即能達到目的了。若遇到喵喵叫卻還未有反應的主人，貓咪乾脆豎起尾巴糾纏在主人的腳邊。儘管貓咪各有各的個性，但對於食欲這件事都是坦白且直率的。畢竟「吃」是日常生活中相當重要的樂趣。

至於無言靜坐，則是以後背面向主人，企圖以背部表達意見。就主人看來無疑是「又再鬧彆扭」「耍任性」「公主病（王子病）又犯了」，但貓咪這個舉動其實懷有更深的意涵啊。例如，「長久以來我忍耐吃著相同的食物，是不是該換別種讓我嘗嘗了！」或是「老是給我吃些不夠新鮮的加工食品，偶爾人家也想吃點新鮮又優質的蛋白質食物啊！」仔細想想，不能親自狩獵、挑選食物的貓咪，也難怪會對主人送來的飲食累積許多不滿，所以請務必體諒貓咪用後背訴苦的無奈啊。

「我一點也不想看到那樣的你」

「這個送給你！」貓咪帶回不知從哪兒捕獲的獵物。這個舉止優雅纖細又可愛的傢伙，到底還是發揮他狩獵的本能了。

也許在你看來殘酷，但貓咪畢竟不能壓抑狩獵的天性啊

貓咪從外頭抓了獵物回來，並顯得得意洋洋且興奮，但對主人卻是天大的困擾！若是蚱蜢或螳螂等昆蟲倒還好，有時嘴裡含著的竟是還活著的麻雀或老鼠，令許多膽小的主人無不臉色慘白。其實會狩獵的不僅是可以自由外出的貓咪，始終待在家裡的貓咪有時也會抓蟲、或在陽台上捕捉蟬之類的。

貓咪不會立刻殺死捕獲的獵物，而是先以前腳敲打捉弄獵物，待蚱蜢或壁虎等生物試圖逃走時又再捉捕回來，感覺牠們簡直淪為貓咪的玩具，極為悲慘。直到貓咪想吃時，才會把獵物吃掉，而那也是心地善良的主人們最不想見到的光景。

這些行為都是基於貓咪狩獵的本能，縱使肚子不餓，只要有狩獵的機會，貓咪仍會去做。最令主人困擾的是，貓咪會好心的送來捕獲的獵物，此行為並不是為了炫耀，多半是基於貓咪的母性，出於「抓些獵物給那個連狩獵也不會的孩子吧」的疼愛之心。如果換來的是一頓斥責或大驚小怪，等於是對貓咪不懷感恩。最好的方式就是收下禮物，再私下自行處理解決。雖然你不想看見那等的殘忍，但還是不能壓抑貓咪天生的本能。

COLUMN #2

野性不減、由上而下的貓咪視線

總感覺上頭誰在注視著自己，猛然抬頭，原來是貓咪正盯著你看。想必飼養過貓咪的人多半有這樣的經驗，其實那是貓咪打從野生時代所留下的習性。過去慣於單獨狩獵的貓，必須爬到樹上隱藏，以便不受到外敵的攻擊。同時，高處也是虎視眈眈尋找獵物的最佳場所。基於那樣遠古的記憶，即使來到與人類生活在一起的現在，貓咪還是習慣待在高處。由上往下凝視的貓咪，當然不是把你視為敵人，而是基於本能希望盡早察知周遭環境的變化。

此外在貓咪社會，愈能取得較高位置者，愈居於優勢。貓咪彼此爭吵打架時，從上下位置的改變即能了解形勢的

逆轉變化。也因此有些貓咪，無論主人醒著或睡著，總待在櫥櫃上、桌上或沙發上，彷彿一心一意想盡辦法高於主人。這種情況，通常是為了由上往下以便觀察同居人，與帶著獵物回家送給主人的貓咪一樣，都是出自上對下的視野，心想著「那個孩子什麼都不會，我得好好照顧他啊！」於是便以父母親居高臨下的心情看顧主人（參照147頁）。

當然，又如搬家或房子改變陳設裝潢時，也會讓貓咪感到焦慮不安，而想待在較高處以緩和情緒。有些貓咪甚至會爬到房門上緣等難以攀登的地方，常搞得主人錯愕不已，像這樣的貓咪大半懷著較強的警戒心；相反的，自幼被人養大且獨自一貓的貓咪，則較缺乏危機感，經常在地板上滾來滾去，聽到怪異聲響時還會露出狐疑的神情，隨時隨地都能閉上眼睛睡覺，讓人好想對他說：「親愛的，你絕對不適合離家出走去過野生生活啊！」

「就你的體重來說，根本是不可能的任務吧？」

小時候還可以從櫥櫃從容的一躍而下，但如今已長成肥滋滋的體態，為避免貓咪摔傷，主人只好隨時待命中。

已無法像年輕時身輕如燕的飛簷走壁了！因美食與運動不足的肥貓激增中

「你為什麼不老實告訴我：『你好胖』我可不想聽到你在我背後說：『抱得手臂都瘦死了』或『走路時肚子都黏在地板上了耶』剛剛我準備跳到紗門上，結果竟然失敗。之前人家明明還可以跳到窗簾或紗門上的，我好懷念那個身輕如燕又苗條的自己喔……」——年紀輕輕卻肥嘟嘟的貓咪，想說的牢騷是不是這些呢？長大成貓後，骨骼已經穩固，也多少帶些體脂肪，的確已難像小貓時期那樣又飛又跳。話雖如此，看到停在紗門上的昆蟲時還是忍不住飛撲過去。養在室內的成貓，最該留意的是美食與運動不足所造成的肥胖。貓咪帶點豐腴的確可愛，不過放任貓咪食欲的結果往往是攝取過多的卡路里而變得太胖。觸摸貓咪的肋骨，若感覺到厚厚的脂肪；或從外觀看來屁股已圓滾滾，由上往下看時簡直像顆稍直的茄子，就表示已太胖了。貓咪無時不刻都處於睡覺狀態，其實是基於天生的習性，為了狩獵時能更敏捷，也為了避免浪費過多的體力。但如今不再狩獵而飼養在室內，貓咪卻仍保有那樣不浪費體力的習性，自然而然就容易發胖。所以除了飲食控管外，經常陪貓咪遊戲以增加運動量，也是身為主人的重要責任之一。

「愈是高級品愈易淪為磨爪板」

外國製的皮革製品是貓咪最棒的磨爪板，一個輕忽就是粉身碎骨啊

柔軟的粉紅色皮革、猶如芭蕾舞鞋般夢幻的法國製室內拖鞋，忍痛買下這雙高級品拖鞋的夜晚，你心想「踩著這樣的拖鞋，今晚恐怕就要夢見巴黎了！」脫下拖鞋，小心翼翼放在床邊鑽進被窩。等等，這可是萬萬不可啊，一刻也不能離開你的寶貝拖鞋啊。因一個不注意，它們就會淪為貓咪最高級的磨爪板。尤其貓咪喜歡皮製品的氣味，最好還是外國製的高級皮革，鐵定會湊過來東聞西聞後就開始動手。管你是不是挨餓買下的，只要放在貓咪所及之處，就是一個「慘」字。

人家特別中意的那雙柔軟皮革的外國製鞋子，卻被那雙藏著尖爪的可愛小手給毀了……記住，最愛的鞋子一定要收藏在鞋櫃裡！

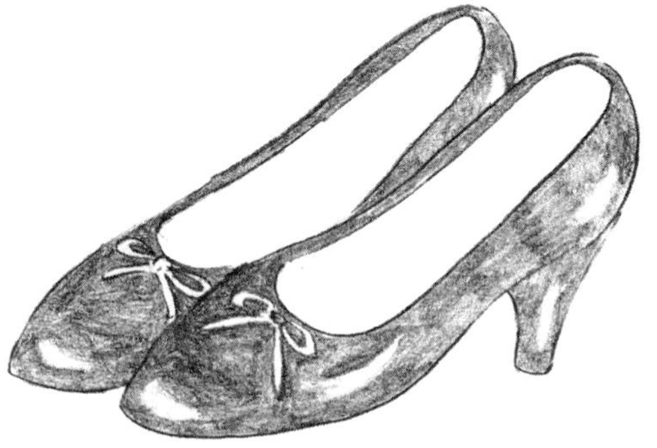

貓咪磨爪的目的是為磨去爪子外層的老舊角質，可以幫助強化爪子、保持爪子的健康，同時還可防身保護自己，也能更順利爬到樹上。再者，磨啊磨啊的也能轉換、舒緩情緒，再加上腳底的腺體帶有自己的氣味，還能兼具做記號鞏固地盤的作用。

貓咪常困惑的是「只要讓我自由磨爪，又何須費盡辛苦幫我剪爪呢？只是磨個爪都不行嗎？」可說是滿腹牢騷啊。因此，那雙可愛且帶有甜美氣味的室內拖，只要稍無防備擱在一旁，肯定瞬間淪為貓咪的目標。最後你就在磨爪聲中醒來……然後瞧見貓咪露出無辜的表情。所以就說嘛，萬萬不可大意。

「今天又是運動會」

深夜時分，主人都已關燈上床睡覺了。在黑暗中尤能展現狩獵本能的貓咪，則開始蠢蠢欲動……

「萬歲，運動會開始了！」

黃昏是貓咪的狩獵時間，追逐獵物的血液頓時沸騰，進入大暴走模式

貓咪在黃昏時分或夜裡經常上演屋內暴衝的大暴走戲碼，有人通稱此為「入夜後的運動會」。一旦進入大暴走模式，誰也阻攔不了，只能靜候他冷靜下來。貓咪尚未捨棄的野性之一，即是天色變暗時分，瞬間燃起的狩獵衝動。尤其是夜幕逐漸低垂的黃昏、或是天際透著微明的凌晨，正是狩獵、或稱為運動會的大好時間。

乍見不曾顯露騷動的貓咪突然暴走起來，的確令人不由得擔心貓咪是否出現異狀。若是狹小的屋裡，冷不防就撞翻小裝飾品或盆栽，或是在急速奔跑迴轉時碰撞到你，讓人簡直不知該如何是好。更常見的情況是，深夜運動會的次數更多於黃昏，因為你或家人熬夜不睡，電燈老是亮著，等到終於熄燈睡覺，貓咪才察覺黑暗的狩獵時間來臨，於是你睡著時就是他的運動會登場！就算斥責：「喂，能不能好好睡覺啊！」貓咪也不懂得為何要挨罵，就貓咪而言，狩獵的血液沸騰純屬生理的自然現象。貓咪就那樣來回大暴走，但轉眼間又能若無其事安靜下來。此大暴走模式常見於不到兩歲、年輕氣盛的貓咪，但隨著成長，貓咪漸漸會和緩沉穩下來，不再常開運動會了，所以無須太擔心。

「你為何偏要待在那麼窄小的地方……」

將既狹窄又高聳的地方占為己有，總讓貓咪有種莫名的優越感

日本人以「貓的額頭」來形容狹窄侷促的空間，而對貓咪來說，要像是貓額頭大小的空間才是最棒的地方。貓咪並不喜歡寬敞，無論是休憩或躲藏，最好是略微塞住身體的狹窄度。

不過，這樣的地方多屬櫥櫃或書架的上方，若還可以俯視周遭，更讓貓咪覺得安心。最高的位置，能讓貓咪享有征服與優越感，也許在遠古的過去，他們的祖先即習慣待在高樹上休息或埋伏等待獵物，總之貓咪居於

高處較能安心放鬆。即使是在貓咪之間，處於較高處者也暗示其地位較高。貓咪征服貓額頭般空間的瞬間，著實令人佩服，即使是比他身高還高數倍的高度，他一個縱身即跳了上去，而且毫無猶豫遲疑，之後又再像個忍者般無聲無息著地。看來無論是跳躍與著地，貓咪皆有著無比的自信。

為了確保私有的空間，貓咪也常做出撥落障礙物的擴張領土之行為，有時還會故意砰砰作響，惹得主人大驚：「什麼，你竟然跑到那上面去！」貓咪可是從不掩飾自己的驕傲：「全天下只有我才能征服這麼高又狹小的地方！」看來，你得趕緊收拾打掃接下來他欲征服的候補地區了。

在貓咪最喜歡的地方放東西，就會遭到這樣的厄運。「這裡可是我的特別座耶！」隨即不假辭色的開始清空。

「禁止超車！」

開門時必然超車先行，貓咪什麼都得他先來才行

每回準備打開衣櫥或櫥櫃時，貓咪就趕了過來，從你的兩腳間一鑽而過，趁著你打開櫥櫃門之際先驅而入，而且還擺出一副本來就該讓我先進去的模樣。準備去廁所時也是，貓咪從你的兩腳間超車進去。明明沒他的事，著實讓人搞不懂貓咪那種「開了門就該是我先進去」的偏執。

是不是因為貓咪是好奇心旺盛的動物，就算是主人專用的場所，他也覺得有其先行檢查的必要？於是他先行鑽進衣櫥或房間裡，害得你做完該做的事仍不能把門關上（也不知道他在裡面做什麼），只得一顆心懸著恭候他出來。有時還得小心的是，一個不留神未注意到貓咪也進去了，離開時竟順手關上門，讓他困在裡面。直到不知從何處傳來喵叫聲，循著聲音尋找，才發現貓咪在門的另一側拼命叫著：「來人啊，還不快點放我出去！」。

看來貓咪的超車，也像是一種的消磨無聊兼交流溝通，他關心的重點並不是門的後面到底有什麼，而是舉凡你的事或你即將的行動都與他有關，至於超車先行則是為了滿足他是地盤老大的優越感。

滑溜滑溜的從主人的兩腳一鑽而過。要比主人更前面，一定要！就算前頭的目標物不是貓咪所喜歡的，他也不願意落後於你。

站在玄關的高處享受風的流動，然後再去拜訪附近的貓咪。像這樣帶著些許刺激的生活，也許只有自由進出戶外的貓咪才能體會得到。

僅在屋內探險就滿足了嗎？真想問問貓咪啊

貓咪的生活，可說是時時意識著地盤領域問題。然而與過去的生活型態相較起來，還是起了巨大的變化。

近來飼養在家中、不能自由外出的貓咪屬於常態，尤其是飼養生活在都市的貓咪，為顧及住宅環境或近鄰的感受，再加上交通事故或傳染病等疑慮，任由貓咪自由外出的主人反被視為沒有責任心。

的確，數據也顯示畢生生活在室內的貓

咪較安全也能安心，比起野生放養的貓咪更為長壽。整體說來，貓咪的壽命也的確有延長的趨勢，近來活到十五～二十歲的貓咪已不是稀奇之事。

不過儘管長壽，無憂無慮的生活卻常導致肥胖，或是造成無法發揮天性的貓咪以及罹患慢性疾病的貓咪也有增加的趨勢。飼養在家的貓咪，鞏固地盤的空間僅限於家中，萬一主人住的是套房，那麼貓咪的地盤也是丁點大的範圍而已。

相較之下，擁有半徑數百公尺～數公里之大的地盤，可以自由來去並在自然環境中狩獵的貓咪，無論是舉止或神情都有著室內貓咪所沒有的優閒與活力，同時又不失貓族天性的孤傲。然而究竟何者較為幸福，誰也無法一概而論。如果可以的話，真想問問生活在室內的貓咪，他們的生活滿足度指數與幸福度指數究竟是多少呀！

「貓咪們，請彼此和睦相處」

呵嚇（你是誰啊？），對怕生人（貓）的貓咪來說，呵氣是守護地盤時常見的行為。因為彼此還在探索中。

雖不管三七二十一先威嚇侵入者，但其實貓咪們私底下也想好好相處

飼養在室內的貓咪，突然發出「呵嚇」的呵氣聲，開始作勢威嚇。原來是窗外出現一隻從未看過的貓咪。其實從未步出大門一步的貓咪，只要是窗戶可以眺望看到的庭園也歸屬於他的地盤，因此陌生的貓咪突然闖入自己的地盤，當然會驚慌不安。

貓咪並無意打造貓咪社會，他們是獨自生活的愛好者，所以嚴防屬於自己的領域對他們來說十分重要。就算是鄰居家的可愛小貓，舉凡侵入者唯有威嚇逼退之途。即使主人苦苦哀求：「這麼可愛的小貓，為何不能好好相處呢！」他還是一意孤行。在屋內與其他陌生的貓咪見面，也是同樣的情況。首先是發出威嚇的呵氣聲，若再企圖靠近就是一陣貓拳；如果是較膽小的貓咪，則乾脆躲起來不願見人（貓）。

不過，也有些貓咪初次見面時即氣氛良好，彼此相互嗅聞氣味後，願意認同相互的上下優劣關係，很快變成好朋友。初次見面即威嚇的貓咪看似無情無義，其實心底也不想與人（貓）起爭執。明白對方不是「故意闖入地盤的暴亂分子」後，有時也還是願意和睦相處。當然，也有些貓咪依舊冷淡以對。

飼養多隻貓咪時應尊重最先入住的貓咪，並確保各自擁有各自的領域

僅飼養一隻貓咪，總覺他會不會太寂寞了，但別忘了貓咪本就是獨居的動物，他反而相當享受這種單獨且平和的生活，況且還能獨占主人的愛。但愛貓咪的人，總喜歡貓咪成群。若是從小貓時即飼養的多隻貓咪，由於一起長大，所以並不會有太嚴重的適應相處問題；但如果是長大後才被迫與其他貓咪同居生活，則可能引發貓咪巨大的壓力。

同居生活的貓咪數量增加時，也等於地盤需重新分配與共有，隨著角力紛爭，最先

入住的貓咪也可能失去他最喜歡的地方。再加上，貓咪是善忌妒的動物，看見你特別疼愛新同居者時，會陷入被橫刀奪愛的混亂，而開始做出意想不到的行為，例如故意弄壞你最喜歡的衣服或鞋子，或是在新同居者吃飯時搗亂。

說來令人不忍，他其實一點也不想那麼做。壓力累積的結果，有些貓咪甚至因而生病或離家出走。雖說避開飼養多隻貓咪即可避免如此悲慘的結局，但有時克服同居時初次見面的難關後，有些貓咪還是可以和睦相處。因貓咪畢竟是適應力超強的動物啊。

對喜歡貓咪的人來說，只要是貓咪都可愛。但對家中的貓咪來說，有時新同居者卻是引發他巨大壓力的對象。

「你是打算叫個沒完沒了嗎？」

以喵叫聲宣示意見看來任性嬌縱，卻也因為這是令他平和且安心的家

與人類生活在一起的貓咪會慢慢學習表達意見，或再換句話說，是因為得以表達意見，貓咪才願意與人類生活在一起。也就是說，當貓咪成為某個人的貓咪後，就能體會得以傳遞自己心願的喜悅。貓咪喵喵叫時，多半是有所要求，簡言之，也是在叫你。這個喵叫是有跡可循的，愈是強烈的要求愈是叫個不停，同時，聲音的音量也顯示要求度的差異。例如大聲且連續的喵叫，是要求主人立刻解決他的焦躁，像是表達「快把門打開」或「快讓我進去家裡」等的要求。不過，

喵嗚（讓我進去嘛，我不會打擾你的……），貓咪可是不會管你是否正為工作焦頭爛額，當然這個時候就是要滿足他的要求，然後再努力專心工作。

有時也可能是告知危險，所以為審慎起見，還是應試著理解貓咪想要說些什麼。相對於此，有時則是低姿態的喵叫，例如看著主人的臉輕聲叫著：「飯飯還沒好嗎？」或「我現在可以坐到你大腿上嗎？」從舉止大抵也可猜出他想要什麼。當然這類低姿態的喵叫聲中，還包含了更低姿態的無聲喵。最強烈且迫切的要求，就會以大聲連續不斷的喵叫聲來表達，通常聲音中還帶有深切的情感，像是不斷向主人傾訴。貓咪可以隨心所欲表達意見與要求，表示這是讓他得以安心居住的家，並且與主人保持著和平的關係。即使是喋喋不休的喵叫，也顯示貓咪樂居於此，所以應該寬容待之。

貓咪也有意見、有情緒，並會透過喵叫聲、神情、體態表達。從中觀察理解貓語，也是身為主人才享有的特權。

喵叫聲分為數十種類，但最重要的是企圖理解貓咪的心

貓咪的喵叫聲約分為十八種種類，至於發聲方法則大致區分為六種。喵叫傾訴的對象主要是貓類，不過隨著與人類的關係密切，似乎也開始轉向人類了。其實大家聽到的喵叫聲，還要配合上喵叫時耳朵、尾巴、眼睛、鬍鬚等各部位的動態，或是腰的位置，以及姿勢、動作等的肢體語言，共計可發展出數十種的表達方式。

那有點像似尚無法理解語言為何物的小嬰兒，藉由狀況或發出聲音向母親傳遞自己

的需求。所以無論是喵的打招呼、喵的發牢騷、喵的乞求許可、喵的表達感謝，貓咪也期待以聲音表達出意見（當然也有幾乎不喵叫的貓咪）。

隨著相處時間的累積，再加上你也願意主動與貓咪對話，應該會有更多的發現。至於理解貓咪喵叫聲的含意，不在於將動物擬人化，而是基於想要更理解且愛貓咪的心態。因此方法不在於貓咪的擬人化，而是更趨近似人類的擬貓化。不過縱使你以為理解貓咪的心情與意見，那個理解也不一定是全然正確。有時自以為或誤以為也是常有的事，畢竟貓咪的內心世界並不是那麼容易摸透的。

「拜託你不要在我有重要約會的日子洗臉啊」

開始用前腳磨啊擦啊、仔細洗臉時，就表示快下雨了

過去人們常說：「貓開始洗臉，就表示天要下雨了。」古人果然觀察敏銳啊，的確下雨的機率偏高。不過這個說法還是存著地域與個體上的差異，有些地方反而認為貓開始洗臉就要天晴了。

在中國則認為貓洗臉是有客來訪的前兆，由此也衍生成為日本招客的吉祥物「招財貓」。他的姿勢並不是在招手，而是做出以前腳洗臉的姿勢（因為覺察有人靠近的腳步聲或氣氛，為緩和情緒而開始洗臉）。

今天是重要的約會日，外面晴空萬里，雀躍期待著約會。偏偏在這個時候，貓咪竟然開始洗臉。之後，烏雲聚集……

舔理毛也是洗臉的一種，可見於出生第六週左右後的貓咪。其實，舔理毛是因應濕度或氣溫的變化，調節體溫而做出整理體毛或毛根的行為。當濕度急速上升，敏感的鬍鬚或鼻黏膜即能感知，便催促自己該開始舔理毛。

尤其是前腳繞圈似由耳後往前的仔細舔洗臉，多半出現在濕度較高的時候，也被視為天候丕變的前兆，因而人們才說：「貓洗臉，就是要下雨了。」不過貓咪吃完飯飯也會洗臉，並不是為了預告天氣而洗臉。所以若你家貓咪的天氣預報不準時，也別太放在心上啦。

「無論到哪裡，我們都要在一起」

咦，這根纖細柔軟的毛是我家貓咪的……就算外出，他還是跟著我啊。能如此看待無時不刻沾著貓毛的自己，必定是愛貓人了。

身上怎麼清理還是黏著貓毛，但那就是愛貓者的標章啊

聽到主人「對貓過敏」時，貓咪肯定傷心欲絕，心裡還會不安想著「我該不會要被丟棄了吧！」。

對貓過敏，問題主要還是出在貓毛上，這些貓毛會隨著皮膚的老舊角質等掉落，並散落在空氣中。即使無過敏問題卻討厭貓的人，也非常不喜歡那些隨空氣飛舞而飄落在身上的貓毛。

喜歡貓咪，偏偏住在一起就犯過敏……對愛貓的人簡直是悲劇啊。但是千萬不要輕言放棄，既然養貓，就不能動不動不要他。藉由勤快幫貓咪梳理毛（必要時也要洗澡）、每日徹底清理屋內、避免貓咪進入臥房等，還是可以改善過敏的情況。

沙發或衣服上黏著貓毛時，則可利用膠帶（或滾輪式除塵膠帶）清除。不過畢竟難以達到百分之百完全清除乾淨的地步，所以你的黑色喀什米爾毛衣、你放有重要會議資料的資料夾裡，難免還是黏著貓咪的毛。但愈是打扮時髦漂亮的人，一旦發現他身上黏有貓毛時，頓時讓人備感親切呢！畢竟一個真正愛貓的人，無論去到哪裡都會帶著貓咪。

「你是不是玩得太過火了？」

被燃起的狩獵或打鬥之興奮感，最後終於過了頭

撒嬌，對方並無抗拒時，就再多些嬌縱，如果對方還是和顏悅色，那就再更放縱些。想必任何人或動物皆有撒嬌過了頭的時候，但不可思議的是，我們卻能容許貓咪的各種撒嬌。

貓咪的作勢假咬就是撒嬌的一種，而且只要動了口，彷彿就停不下來似的。有時還會陷入自我陶醉中，一邊佐以貓拳或愈咬愈用力。由於貓咪的牙齒是尖型，即使你被咬得直發疼，手背上還淨是咬痕或傷痕，卻還

是不以為苦。你明白貓咪把你視為玩伴，並不是真心想咬傷你。貓咪小時候，就常與貓媽媽互咬玩耍。由於「咬」是狩獵或打鬥時的行為，即使是玩耍也常有咬著咬著竟興奮過了頭的情況發生。咬過頭，是有可能釀成重傷，因而有時需要適時提醒貓咪。貓媽媽在小貓啃咬過度時，也會發出「不行喔！」的威嚇聲，以喝止小貓的過當行為。

玩耍時被咬，固然有些疼痛，但對貓咪來說，想撒嬌時有個得以撒嬌的對象，才是最佳的生活環境，還可以幫助他消除些許壓力。所以在不過頭的前提下，還是應該讓貓咪盡情的咬。

即使嬉鬧追逐的遊戲，也可能點燃貓咪天性
逞兇惡鬥之火……最後遂露出尖爪與利齒。
若欲制止，就對他發出貓咪的威嚇聲吧。

「為什麼要那樣神經兮兮的？」

以奇妙叫聲對抗可怕的噴嚏聲，懂得順應討厭的聲音也是貓咪的神奇之處

貓咪擁有敏銳的聽覺，對聲音敏感，無法忍受突如其來的巨大聲響，有時甚至會被嚇得身體不自覺的彈跳起來。即使是主人的噴嚏聲或咳嗽聲，有些貓咪也會顯得驚慌失措。或是，有些貓咪為了對付聲音洪亮的噴嚏聲，會不由得發出「咖咖咖」的叫聲（像是扭動下巴所發出的咖咖或喀喀聲）。

為何如此呢？有人認為噴嚏聲是一種急速吐出空氣的摩擦聲響，非常近似貓咪或蛇

人類聽不到的超音波，貓咪卻聽得見，也因此他可以感受到蝙蝠的接近而發出人類覺得莫名其妙的威嚇聲。如此說來，貓咪恐怕也難以忍受人類的噴嚏聲吧。

準備攻擊對方時所發出的威嚇聲，是一種不由自主的反應。不過，也或許貓咪是在說：「你很吵耶！」總之，正確答案還是得問貓咪才行。貓咪可以聽到人類無法聽見的音域，他最討厭的音域是超音波，故也有人利用此音波研發販售避免貓靠近的「驅貓器」。貓咪雖不耐超音波，仍算是順應環境極強的動物，起初害怕的吸塵器聲音、討厭的拙劣樂器演奏、工廠發出的噪音，都可以隨著生活而漸漸習慣，並視為日常聲音的一部分。對聲音也具順應性，能將討厭的也變成習慣，也是貓咪之所以為貓咪的神奇之處。也因為他擁有如此神奇的魔法，才能繼續與你生活在一起啊。

「今天下手可以輕些嗎？」

無論怎麼相親相愛的主人與貓咪，只要涉入洗澡，彼此就會出現難以協調的鴻溝。所以做好萬全準備迎接挑戰，以避免流血事件發生。

全副武裝迎接洗澡的日子，但也不要猛然清洗過度

貓咪有自行舔理毛的習性。但日本人愛好泡澡，總覺得不泡澡怎能說是乾淨呢。不過說實在的，基本上，靠貓咪自己舔理毛已是足夠乾淨了。但像是長毛的波斯貓，的確需要人類每日協助幫忙梳理毛，因為如果不這樣的話，長毛糾結結塊時就難辦了。

關於泡澡或洗澡，只要小貓時期養成洗澡的習慣，其實大多願意溫馴任由擺布。但貓咪終究不喜歡弄濕身體啊，畢竟他們的祖先來自沙漠，全身弄得濕淋淋的成何體統。

因此，在洗澡的日子貓咪必然大聲喵呼且全力抵抗，拼命叫嚷著：「憑什麼洗澡，若是要參加貓咪選秀會還說得過去，不然洗那麼乾淨要做什麼！」逼得主人不得不戴上手套、護目鏡，甚至是安全帽等全副武裝、如臨大敵。不過得留意的是，即使使用的是貓咪專用沐浴精，仍必須避免清洗過度，否則表皮的脂質會流失而導致乾燥。再者，洗後的梳理過當也可能讓貓咪感覺刺痛。

總之，只要是彼此取得共識的梳理與洗澡，相互的溫柔即能變成彼此的最佳療癒。

「喂，快出來啊（裝喵叫聲）」

看到貓咪徹底對抗去醫院必備的貓籠之模樣，簡直令人發窘

就是堅決抵抗！因貓咪最討厭被勉強，並不是只要是你的事，貓咪都願意配合啊。

尤其是被迫關進貓籠這檔事，貓咪更徹底抵抗到底。只要稍見貓籠現身，隨即躲得不見貓影。他知道你要帶他出去，而且肯定是醫院，所以他才抗拒。他也明白去到那裡可以治好他不舒服的地方……但他就是討厭那個手術台、也討厭打針，於是堅決不肯進到貓籠裡。但在抓到他的一瞬間突然安靜下來，接下來輪到張開兩腿抵著籠子，不願意

後面啊，正在偷窺著！貓咪早早就知道要外出，趕緊藏好自己。想必這趟外出是最討厭的醫院，能免就免、能躲就躲。

進去。好不容易又有些進展，這回換成露出爪子死命抓著籠框奮力抵抗，逼得你只好把一根根抓緊的爪子鬆開。

去到醫院又再試圖做出最後的掙扎。這回變成不願意離開貓籠了，即使你用倒的、用網子撈也於事無補。不過一旦治療結束後，他又快速躲回貓籠裡。

簡直是累死人了，不過不知為何卻不曾聽到他的威嚇聲或也未胡亂挨到貓拳。原來他也知道這不是什麼要害他的事，哎呀哎呀，這麼說來貓咪想必也知道這趟回家後肯定能吃到好吃的東西了。

為了想要在一起更長久些

不可不知的貓咪健康事

過胖是萬病之源，無論貓咪或人類都一樣

走起路咚咚作響，或是跳躍著地時竟不小心冒出「呼」的聲音……想必與這樣極可能有過胖之嫌的貓咪生活在一起的人並不在少數。貓咪豐腴的身形的確可愛，但考慮到健康問題，還是不能任由貓咪發胖啊。況且體重過重後也懶得運動了，更陷入愈來愈胖的惡性循環，最後還會導致心臟或呼吸器官的負擔，甚至關節不耐體重而發炎。而且，肥胖也容易罹患糖尿病等慢性疾病。

貓咪肥胖主要的原因是飲食過量與運動不足，看來與人類一樣呢。改善之道，首先是控制每日的飯量，並且多騰出些可以與貓咪一起遊戲的時間。關於飯量，依循貓咪的體型各有不同，建議不妨去趟醫院徵詢醫生的建議。過胖的貓咪多半擅於討飯飯吃，既然開始減重計畫，主人就要狠下心來。至於討不到飯飯、吃不滿足的壓力，則藉一起的遊戲玩耍幫助貓咪消除釋放吧。

養過貓咪的人都知道，把貓咪最喜歡的玩具放在若隱若現的地方，最能誘發貓咪狩獵的本性。貓咪會鬼鬼祟祟靠近玩具（但就主人看來，根本是明目張膽），然後突然一躍抓取玩具。貓咪喜歡這樣的遊戲後，也可以以食物取代玩具，放在若隱若現的地方，讓貓咪在吃飯前也先來上一段嬉戲以增加運動量。

另外，平時也應該養成檢查愛貓體型與體重的習慣。由上看去腹部呈圓鼓狀、側看腹部垂下，皆是肥胖的跡象。量體重時，主人可以抱著貓咪站上體重器，之後放下貓咪，再減去主人自己的體重就是貓咪的體重了，同時也可以順便定期追蹤自己的體重，可說是一舉兩得。

看來有些不對勁？也許是發燒了

貓咪的腹部貼在涼爽的地方，然後動也不動，呼喚他的名字也無反應，呼吸看來急促，感覺貓咪顯然是不太舒服，這時極有可能是發燒了。

與人類一樣，貓咪在身體不舒服時也會發燒，有可能是病毒性的傳染病症、呼吸器官發炎、中毒或愛滋病等種種原因。為了確認貓咪是否發燒，平時可以準備體溫計備用。

市售有貓咪專用的體溫計，但緊急時還是可取用人類的體溫計。使用方式是以保鮮膜包裹體溫計後，再插入貓咪肛門的二～三公分深處。貓咪的正

常體溫是三十八度至三十九度，比人類的體溫再高些。若是過高或過低於一度以上時，即表示體溫異常，應該盡快帶去醫院檢查。

貓咪易罹患與腎臟、膀胱相關的疾病

在體型結構上，貓咪容易罹患「下部尿道疾患」與「腎功能不全症」。

所謂的下部尿道，是指從積蓄尿液的膀胱到排出體外的尿道，此部分的疾患統稱為「下部尿道疾患」。尤其是膀胱發炎的「膀胱炎」，或因膀胱內的尿石而傷及膀胱或尿道的「尿石症」。而尿石塞住尿道，也會讓尿液無法排出而變成「尿道閉塞」，嚴重時一天就足以喪命。特別是公貓得更加留意，比起母貓，其尿道較細也更容易傷及尿道或引發尿道閉塞。至於母貓，尿道較公貓粗卻也較短，外部的細菌容易侵入膀胱而引發膀胱炎。

欲預防下部尿道疾患，首先得留意飲食。尿石是由於食物中的礦物質所形成，柴魚片或小魚乾等雖是貓咪最愛的零食，但這些食物含有大量的鈣或鎂等礦物質。有些貓咪一聽到打開柴魚片包裝袋的聲音，隨即飛撲過去，但若考量到身體健康，還是應該減少食用量。

還有，飲水量太少也會造成尿液過濃，而容易形成尿石。應該準備多個飲水器，讓貓咪隨處都可以喝到水。其次是貓便盆的問題，若太髒太臭，貓咪也會不想使用而憋尿，最後引發膀胱炎。

最後，貓咪活得愈久也愈容易罹患的疾病就是「腎功能不全症」。

據説貓咪的原鄉是沙漠，也因此他們的身體結構不願讓珍貴的水分排出體外，非等到尿液濃濁了才排尿。憋尿的結果，也讓腎臟形成負擔。貓咪的腎臟打從出生後即拼命的工作，因此無論任何貓咪，只要年歲增長，腎臟多少都有些損傷。待肉眼可見的症狀出現時，多半腎臟已損傷百分之七十五的程度了，起初的症狀是不停喝水、尿液量增加，而後則毫無食欲、體重鋭減。

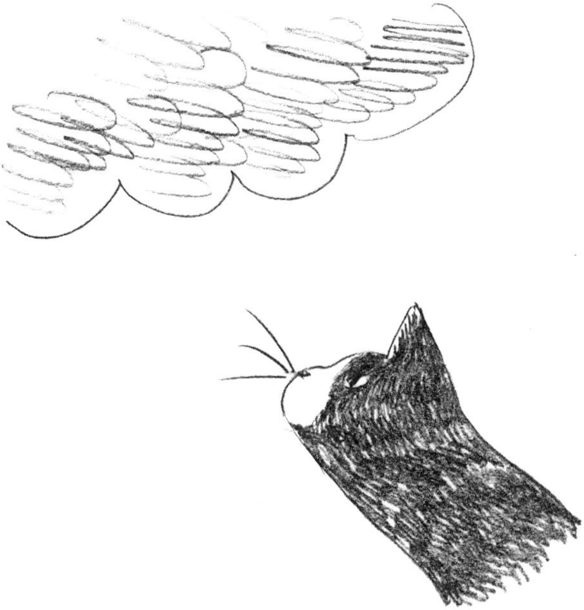

雖難以完全防範，但打從幼時即訓練貓咪多喝水以幫助稀釋尿液的濃度，還是可以減少腎臟的負擔，另外避免給予礦物質含量豐富的食物，也能延緩腎臟的退化。

貓咪的不適，當然還有其他種種的可能。為了維護愛貓的健康，身為主人得多關心多觀察，並且尋找到值得信賴的獸醫。在下一頁中，將介紹如何與獸醫院打交道。

COLUMN
#3

為貓咪找到好獸醫的方法

雖說如今的時代不乏動物醫院，但考慮到與貓咪的投緣與否，仍舊不能一概斷言「什麼樣的醫院、什麼樣的獸醫就是最好的」。不過，仍可藉由以下幾個原則判斷比較。

❶ 櫃台人員的應對親切且周詳，院內環境保持清潔

這兩點原則，進入醫院時即能觀察得到。或是也可透過電話諮詢，再從院方的回應態度予以評估挑選。至於衛生環境不佳的醫院，貓咪還可能因而感染其他疾病。

❷ 獸醫的說明清楚易懂

其次是醫生能否以清楚易懂的方式向主人說明診療的情況，以及接下來需要做些什麼治療。當然，主人也應正

確轉述貓咪的情況讓醫生知道，所以平時就應多觀察留意自己的愛貓。

❸ 願意接納第二意見的獸醫

有時貓咪的狀況，主人也許還希望尋求其他獸醫的意見（第二意見），而不僅是單憑一位獸醫就做出決定。此時，樂觀接納第二意見的獸醫，才是真正為貓咪與主人立場設想的醫生。還有，緊急時願意提供協助，也願意介紹其他更專業醫院的獸醫也是值得信賴的醫生。

另外，住家到醫院的距離，也是不容忽視的問題。為掌握貓咪的健康狀況、疾病的預防、早期發現早期治療，的確有定期前往醫院檢查之必要。有些醫院除了提供健康檢查外，也願意為貓咪剪指甲或洗澡等服務，主人外出時甚至還可以幫忙暫時看顧，所以不妨多帶貓咪前往醫院熟悉一切。如此一來，貓咪、主人、獸醫之間即能建立起信賴關係，萬一的時候，貓咪也能安心讓獸醫觸摸診治。

後記

「主人不在時，貓咪都在做什麼？」

有些人非常好奇自己不在家時，貓咪究竟在家做些什麼，因而還裝設了攝影機偷拍。結果發現貓咪並沒有趁著主人不在時，做出啥不可告人之事，讓主人安心不少。

其實貓咪終究還是在家等著主人而歸啊，因為只有你的存在，才能滿足他自以為征服者的優越感。

不過當你外出卻遲遲不歸時，他還是會生氣得「把家都掀翻了」於是紗窗、門窗或窗簾都被搞得稀爛，就連擺飾的花朵等物也散落一地。雖說貓咪藉此消氣，但你也嚇壞了，想到難道從此連出個門的權利都沒有了，不免對自己的愛貓失望透頂。

原本可以乖乖獨自待在家裡的貓咪卻做出那樣的事，想必是有什麼不安或不滿之處吧。為了避免讓他覺得寂寞孤單，首要之務就是打造出可以讓貓咪感覺安全且舒適的室內環境，例如準備貓咪獨自也能玩的玩具或用品、可以進進出出打發時間的紙箱小屋、可以曬太陽兼監視戶外的眺望台等。

與人類淵源深厚的貓咪，其實沒有你也可以活得很好。不過就如本書所言述的，貓咪所做的種種都是在向你傾訴，因為他知道能給予他更快樂、更幸福生活的人也只有你了。

想和貓咪說說話

猫に言いたいたくさんのこと

那些貓咪不說你不會懂的73個祕密

SAN YAU
http://www.ju-zi.com.tw
三友圖書
友直 友諒 友多聞

國家圖書館出版品預行編目 (CIP) 資料

想和貓咪說說話：那些貓咪不說你不會懂的73個祕密 / 野澤延行作；陳柏瑤譯．-- 初版．-- 臺北市：四塊玉文創，2014.11
面； 公分
ISBN 978-986-5661-11-3(平裝)

1. 貓 2. 寵物飼養 3. 動物心理學

437.364　　103020648

作　　者 野澤延行
譯　　者 陳柏瑤

發 行 人 程顯灝
總 編 輯 呂增娣
主　　編 李瓊絲、鍾若琦
執行編輯 程郁庭
編　　輯 吳孟蓉、許雅眉
編輯助理 鄭婷尹
美術主編 潘大智
美術編輯 劉旻旻
行銷企劃 謝儀方
出 版 者 四塊玉文創有限公司

總 代 理 三友圖書有限公司
地　　址 106 台北市安和路 2 段 213 號 4 樓
電　　話 (02) 2377-4155
傳　　真 (02) 2377-4355
E－mail service@sanyau.com.tw
郵政劃撥 05844889 三友圖書有限公司

總 經 銷 大和書報圖書股份有限公司
地　　址 新北市新莊區五工五路 2 號
電　　話 (02) 8990-2588
傳　　真 (02) 2299-7900

初　　版 2014 年 11 月
定　　價 新臺幣 270 元
I S B N 978-986-5661-11-3（平裝）